高等职业院校**通识教育**系列教材



# 高等数学

## 下册

孙爱民 沈璐璐／主编
陈欢 田茹会 肖云／副主编

人民邮电出版社
北京

**图书在版编目（CIP）数据**

高等数学. 下册 / 孙爱民，沈璐璐主编. -- 北京 : 人民邮电出版社，2024.2
高等职业院校通识教育系列教材
ISBN 978-7-115-63143-5

Ⅰ. ①高… Ⅱ. ①孙… ②沈… Ⅲ. ①高等数学－高等职业教育－教材 Ⅳ. ①013

中国国家版本馆CIP数据核字(2023)第218524号

## 内容提要

本书是根据高等职业院校“高等数学”课程的特点和学生的实际需求编写的，突出高等数学领域的基本理论及实际应用，强调数学知识与专业课知识的联系以及数学的应用性．全书分为上、下两册，本书为下册．本书共4章，内容分别为常微分方程、空间解析几何、多元函数微积分学及线性代数．每章最后一节内容为利用MATLAB求解相关问题，可培养学生利用数学软件解决问题的能力．

本书可作为高等职业院校、成人高等学校“高等数学”课程的教学用书，也可供数学爱好者自学使用．

◆ 主　　编　孙爱民　沈璐璐
副 主 编　陈　欢　田茹会　肖　云
责任编辑　孙　澍
责任印制　王　郁　胡　南

◆ 人民邮电出版社出版发行　　北京市丰台区成寿寺路11号
邮编　100164　　电子邮件　315@ptpress.com.cn
网址　https://www.ptpress.com.cn
北京七彩京通数码快印有限公司印刷

◆ 开本：787×1092　1/16
印张：9.75　　2024年2月第1版
字数：234千字　　2024年9月北京第3次印刷

定价：39.80元

读者服务热线：(010)81055256　印装质量热线：(010)81055316
反盗版热线：(010)81055315
广告经营许可证：京东市监广登字20170147号

# 目　录

# 第6章　常微分方程

## 6.1　常微分方程的概念与一阶微分方程

**学习目标**

1. 理解微分方程的概念.
2. 理解微分方程阶的概念.
3. 区分线性微分方程和非线性微分方程.
4. 理解微分方程解的定义及性质.
5. 理解微分方程的通解和特解的定义以及如何通过通解求特解.
6. 熟练求解一阶微分方程(可分离变量的一阶微分方程；一阶线性微分方程).
7. 牢记一阶线性微分方程的形式和求解公式.

微分方程是对自然科学和工程技术中各种不同系统的数学描述，是解决实际问题的重要工具，在生物、经济、物理、化学、航空航天、人文科学等学科中都有广泛应用，是数学理论联系实际的一个重要桥梁.

### 6.1.1　实例

**案例1**　求曲线方程问题

已知曲线上任意一点处切线的斜率等于该点横坐标的2倍，并且此曲线经过点$M(1,1)$，求此曲线方程.

**解**　设所求曲线方程为$y=f(x)$，根据题意，曲线上任一点$P(x,y)$处的切线斜率就是函数$y=f(x)$在点$x$处的导数$\frac{dy}{dx}$，即有关系式

$$\frac{dy}{dx}=2x. \tag{1}$$

满足式(1)的函数$y=f(x)$就是我们所求的曲线方程. 对式(1)两边积分得

$$y=x^2+C(C\text{ 为任意常数}),$$

可知满足要求的曲线是抛物线. 当 $C$ 取任意值时，就可得到抛物线族(也叫作积分曲线族)，如图 6.1 所示.

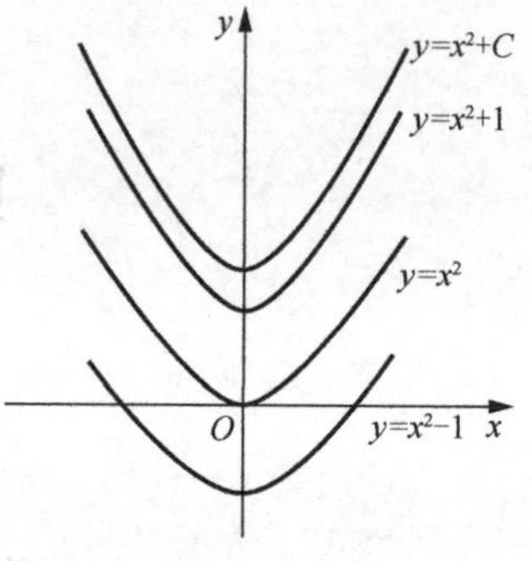


**图 6.1**

在这一组曲线中，需要找出过点 $M(1,1)$ 的那一条曲线，将 $y|_{x=1}=1$ 代入 $y=x^2+C$，确定 $C=0$，即得所求曲线方程 $y=x^2$.

**案例 2**　确定运动规律问题

以初速度 $v_0$ 垂直下抛一物体，设该物体下落过程中只受重力作用，试求该物体下落距离 $s$ 与时间 $t$ 的函数关系.

**解**　设该物体的质量为 $m$，由于该物体下落过程中只受重力作用，故其所受之力为 $F=mg$. 又根据牛顿第二定律 $F=ma$，及加速度 $a=\frac{\mathrm{d}^2s}{\mathrm{d}t^2}$，得

$$ms''=mg,$$

即

$$s''=\frac{\mathrm{d}^2s}{\mathrm{d}t^2}=g. \tag{2}$$

现在求 $s$ 与 $t$ 之间的函数关系，对式(2)两端积分，得

$$\frac{\mathrm{d}s}{\mathrm{d}t}=gt+C_1, \tag{3}$$

再两端积分，得

$$s=\frac{1}{2}gt^2+C_1t+C_2, \tag{4}$$

这里 $C_1,C_2$ 都是任意常数.

由题意知，当 $t=0$ 时，$s=0$，代入式(4)得 $C_2=0$.

由题意知，当 $t=0$ 时，$v=v_0$，代入式(3)得 $C_1=v_0$.

故所求微分方程 $s''=g$ 的解为

$$s=\frac{1}{2}gt^2+v_0t.$$

以上是求一个未知函数的两个例子，根据题意建立方程，可以看出式(1)和式(2)都是关于未知函数和未知函数的导数的关系式. 这就是所谓的微分方程. 由式(1)和式(2)解出未知函数，从而所求问题得到解决.

通过建立微分方程模型，推导出自由下落物体的位移公式，大家可以感受到数学建模的魅力，数学对科技强国的重要性，所以我们一定要努力学习数学知识，运用数学知识，为科技强国储备知识技能.

### 6.1.2 微分方程的发展简史

**1. 萌芽**

海王星的发现可以看成微分方程诞生及应用的一个重要标志. 1781 年天王星被发现后，人们注意到它所在的位置总是和万有引力定律计算出来的结果不符，于是有人怀疑万有引力定律的正确性. 但也有人认为这可能是天王星受另外一颗尚未发现的行星吸引所致. 于是 23 岁的英国剑桥大学的学生亚当斯承担了这项任务，他利用引力定律和对天王星的观测资料建立起微分方程来求解和推算这颗未知行星的轨道. 后来柏林天文台助理员卡勒在预测的位置上发现了海王星.

**2. 发展**

微分方程的形成与发展和力学、天文学、物理学，以及其他科学技术的发展是密切相关的. 对常微分方程来讲，它的发展主要经历了经典、适定性理论和定性理论 3 个主要的阶段. 其标志分别为求微分方程的通解(函数的解析解)、利普希茨条件的提出(级数解法求微分方程)和李雅普诺夫的微分方程稳定性理论的建立(解空间成了微分方程研究的主要内容). 1676 年，莱布尼茨在给牛顿的信中第一次提到“微分方程”这个数学名词.

**3. 完善**

微分方程是一门十分有用又十分有魅力的学科，自微分方程概念的提出到动力系统的长足发展，常微分方程经历了漫长而又迅速的发展，极大丰富了数学研究的内容. 随着科学技术的发展，微分方程会有更大的发展，比如偏微分方程、微分方程数值解等. 随着以数学为基础的其他学科的发展，微分方程也会继续发展.

### 6.1.3 微分方程的概念

**1. 微分方程**

含有未知函数的导数(或微分)的等式，叫作**微分方程**.

未知函数是一元函数的方程，称为**常微分方程**. 例如：前面的式(1)和式(2)都是常微分方程.

再看几个例子：

$$y''+by'+cy=f(t)\,, \tag{5}$$

$$y'''=e^{x}+x+\sin x, \tag{6}$$

$$y^{(4)}-2y'''+2y''-3y'+y=\cos 3x. \tag{7}$$

式(5)、式(6)、式(7)也是微分方程.

**2. 微分方程的阶**

微分方程中未知函数的最高阶导数的阶数，称为**微分方程的阶**.

例如，式(1)是一阶的，式(2)和式(5)是二阶的，式(6)是三阶的，式(7)是四阶的.

**3. 线性微分方程及非线性微分方程**

方程中未知函数及未知函数的各阶导数都是一次的微分方程，叫作**线性微分方程**. 其一般形式为

$$a_n(x)y^{(n)}+a_{n-1}(x)y^{(n-1)}+a_{n-2}(x)y^{(n-2)}+\cdots+a_1(x)y'+a_0(x)y=f(x),$$

当 $f(x)\neq 0$ 时，称为**非齐次线性微分方程**；

当 $f(x)=0$ 时，称为**齐次线性微分方程**；

当 $a_i(x)=a_i$ 为常数时，称为**常系数线性微分方程**.

**4. 微分方程的解**

使微分方程成为恒等式的函数叫作微分方程的**解**.

在案例 1 中，函数 $y=x^2+C$ 和 $y=x^2$ 的导数都等于 $2x$，所以它们都是 $\frac{dy}{dx}=2x$ 的解.

在案例 2 中，函数 $s=\frac{1}{2}gt^2+C_1t+C_2$ 和 $s=\frac{1}{2}gt^2+v_0t$ 的二阶导数都等于 $g$，所以它们都是 $s''=\frac{d^2s}{dt^2}=g$ 的解.

**5. 微分方程的通解和特解**

如果在微分方程的解中，所含独立的任意常数的个数与微分方程的阶数相同，那么这样的解叫作微分方程的**通解**. 通解即微分方程的所有解.

例如，$y=x^2+C$ 是 $\frac{dy}{dx}=2x$ 的通解，其中 $C$ 是任意常数；$s=\frac{1}{2}gt^2+C_1t+C_2$ 是 $\frac{d^2s}{dt^2}=g$ 的通解，其中 $C_1,C_2$ 是两个独立的任意常数.

在通解中，利用附加条件求出任意常数应取的值，所得到的解叫作微分方程的**特解**.

这种可以确定任意常数的条件叫作微分方程的**初值条件**.

在案例 1 中，$\frac{dy}{dx}=2x$ 的初值条件为 $y|_{x=1}=1$

在案例 2 中，$\frac{d^2s}{dt^2}=g$ 的初值条件为 $s|_{t=0}=0, v|_{t=0}=v_0$.

求微分方程解的过程，叫作**解微分方程**.

### 6.1.4　可分离变量的微分方程

分离变量是指把微分方程通过变形使方程一边只含有一个变量，另一边也只含有一个

变量. 可分离变量微分方程的一般形式为

$$\frac{dy}{dx}=f(x)g(y). \tag{8}$$

求解的方法如下：

(1) 分离变量 $$\frac{1}{g(y)}dy=f(x)dx,$$

(2) 两边积分 $$\int\frac{1}{g(y)}dy=\int f(x)dx,$$

(3) 积分计算得通解 $$G(y)=F(x)+C.$$

其中，$G(y)$, $F(x)$ 分别是 $\frac{1}{g(y)}$, $f(x)$ 的原函数，$C$ 为任意常数.

**例 1** 求微分方程 $\frac{dy}{dx}=3x^2e^{-y}$ 的通解.

**解** 分离变量得 $$e^y dy=3x^2dx,$$

两边积分得 $$e^y=x^3+C,$$

则方程的通解为 $$y=\ln(x^3+C).$$

**例 2** 求微分方程 $\frac{dy}{dx}=2xy$ 满足初值条件 $y|_{x=0}=1$ 的特解.

**解** 分离变量得 $$\frac{1}{y}dy=2xdx,$$

两边积分得

$$\ln|y|=x^2+C_1\ (C_1\text{ 为任意常数}),$$

即 $$y=\pm e^{C_1}e^{x^2}=Ce^{x^2}\ (\text{令 }\pm e^{C_1}=C,\ C\text{ 为任意常数}),$$

则方程的通解为 $$y=Ce^{x^2}.$$

将 $y|_{x=0}=1$ 代入 $y=Ce^{x^2}$ 中，得 $C=1$.

于是，所求方程满足初值条件的特解为 $y=e^{x^2}$.

**例 3** 求解微分方程 $x(y^2-1)dx+y(x^2-1)dy=0$.

**解** 分离变量得 $$\frac{x}{x^2-1}dx=-\frac{y}{y^2-1}dy,$$

两边乘以 2 后积分，得 $$\int\frac{2x}{x^2-1}dx=-\int\frac{2y}{y^2-1}dy,$$

即 $$\ln|x^2-1|=-\ln|y^2-1|+\ln C,$$

化简得 $$(x^2-1)(y^2-1)=C\ (C\text{ 为任意常数}).$$

## 6.1.5　一阶线性微分方程

一阶线性微分方程的一般形式为

$$\frac{dy}{dx}+P(x)y=Q(x),\tag{9}$$

其中 $P(x)$ ,$Q(x)$都是 $x$ 的已知的连续函数.

当 $Q(x)=0$ 时，式(9)称为**一阶齐次线性微分方程**，即$\frac{dy}{dx}+P(x)y=0$；

当 $Q(x)\neq 0$ 时，式(9)称为**一阶非齐次线性微分方程**.

例如,

$$y'+x^2y=0,\tag{10}$$

$$y'+xy=x^2,\tag{11}$$

$$y'=\frac{y}{\sqrt{x}}+\sin x\tag{12}$$

都是一阶线性微分方程，其中式(10)是齐次线性微分方程，式(11)和式(12)是非齐次线性微分方程.

(1) 当 $Q(x)=0$ 时，齐次线性微分方程为

$$\frac{dy}{dx}+P(x)y=0.\tag{13}$$

对式(13)分离变量得

$$\frac{1}{y}dy=-P(x)dx,$$

两边积分得

$$\ln|y|=-\int P(x)dx+\ln C,$$

即

$$y=e^{-\int P(x)dx+\ln C},$$

于是式(13)的通解为

$$y=Ce^{-\int P(x)dx}.\tag{14}$$

(2) 当 $Q(x)\neq 0$ 时，一阶非齐次线性微分方程(9)的通解为

$$y=e^{-\int P(x)dx}\left(\int Q(x)e^{\int P(x)dx}dx+C\right),\tag{15}$$

或

$$y=Ce^{-\int P(x)dx}+e^{-\int P(x)dx}\int Q(x)e^{\int P(x)dx}dx.\tag{16}$$

**例 4** 求方程$\frac{dy}{dx}-y=e^x$ 的通解.

**解** 令$P(x)=-1, Q(x)=e^x$. 由式(15)得

$$\begin{aligned} y &= e^{-\int P(x)dx}\left[\int Q(x)e^{\int P(x)dx}dx+C\right] \\ &= e^{-\int -dx}\left(\int e^x e^{\int -dx}dx+C\right) \\ &= e^x(x+C). \end{aligned}$$

**例 5** 求方程 $y'-2xy=e^{x^2}\cos x$ 满足初值条件 $y|_{x=0}=0$ 的特解.

**解** 令$P(x)=-2x, Q(x)=e^{x^2}\cos x$. 由式(15)得

$$\begin{aligned} y &= e^{-\int P(x)dx}\left[\int Q(x)e^{\int P(x)dx}dx+C\right] \\ &= e^{-\int -2xdx}\left(\int e^{x^2}\cos x e^{\int -2xdx}dx+C\right) \\ &= e^{x^2}(\sin x+C). \end{aligned}$$

将初值条件 $y|_{x=0}=0$ 代入通解，得 $C=0$.

于是满足初值条件 $y|_{x=0}=0$ 的特解为

$$y=e^{x^2}\sin x.$$

现将一阶微分方程的类型及解法总结如下(见表 6.1).

**表 6.1 一阶微分方程的类型及解法**

| 4 种类型的微分方程 | 一般形式 | 解法 |
| --- | --- | --- |
| 可分离变量的微分方程 | $\frac{dy}{dx}=f(x)g(y)$ | 先分离变量后积分 |
| 一阶齐次线性微分方程 | $\frac{dy}{dx}+P(x)y=0$ | 变量分离 |
| 一阶非齐次线性微分方程 | $\frac{dy}{dx}+P(x)y=Q(x)$ | 公式法 |

## 习题 6.1

1. 解下列微分方程：

(1) $\frac{dy}{dx}=y\ln y$; (2) $\frac{dy}{dx}=e^{x-y}$;

(3) $\tan y dx=\cot x dy$; (4) $y'+2xy=4x$;

（5）$\frac{dp}{dt}+3p=2$；　　（6）$\frac{y'}{x}-2y=3x^2$.

2. 求下列微分方程满足给定初值条件的特解：

（1）$\frac{dy}{dx}=y(y-1),y(0)=2$；

（2）$(x^2-1)y'-2xy^2=0,y(0)=1$；

（3）$y'+2xy-xe^{-x^2}\sin x=0,y|_{x=0}=2$；

（4）$y'-\frac{y}{x+2}=x^2+2x,y|_{x=-1}=\frac{3}{2}$.

3. 求经过点$(0,k)$，且曲线上任一点$(x,y)$处切线的斜率为$-\frac{x}{y}$的曲线方程.

4. 设有一质量为 $m$ 的质点做直线运动，从速度等于 0 的时刻起有一个与其方向一致，大小与时间成正比(比例系数为 $k_1$)的力作用于它，此外它还受到一个与速度成正比(比例系数为 $k_2$)的阻力作用，求该质点运动的速度与时间的函数关系.

## 6.2 二阶常系数线性微分方程

**学习目标**

1. 理解线性相关和线性无关的概念.
2. 牢记二阶常系数线性齐次微分方程解的概念.
3. 准确理解本节所述定理的内涵，并且掌握由两个线性无关的特解得到通解的方法.
4. 准确理解特征方程的定义，并且能熟练地求特征根.
5. 会根据特征方程对应的特征根进行分类讨论相对应的特解.
6. 牢记二阶线性齐次微分方程的形式和求解公式.

二阶常系数非齐次线性微分方程的概念：

形如

$$y''+py'+qy=f(x)\text{（其中 }p,q\text{ 为常数）} \tag{1}$$

的微分方程叫作**二阶常系数非齐次线性微分方程**.

当$f(x)\equiv 0$时，即

$$y''+py'+qy=0, \tag{2}$$

它叫作方程(1)所对应的**齐次微分方程**. 方程(2)是方程(1)的一种特殊情形，故二者的解也有密切的联系.

为了解方程(2)，下面先介绍一个概念.

设 $y_1,y_2$ 是定义在区间 $D$ 内的两个函数，若存在非零常数 $C_1,C_2$ 使 $C_1y_1+C_2y_2=0$，则称 $y_1$ 和 $y_2$ **线性相关**；否则，称 $y_1$ 和 $y_2$ **线性无关**. 例如，$y_1=\sin x$ 和 $y_2=2\sin x$ 是线性相关的，而 $y_1=\sin x$ 和 $y_2=\cos x$ 是线性无关的.

下面我们先来讨论方程(2)的解法.

## 6.2.1 二阶常系数线性齐次微分方程

首先，我们给出方程(2)解的结构.

**定理** 若 $y_1$ 与 $y_2$ 是方程(2)的两个线性无关的解，那么 $y=C_1y_1+C_2y_2$ 为方程(2)的通解.

例如，$y_1=\sin x$ 和 $y_2=\cos x$ 是方程 $y''+y=0$ 的两个解，$\dfrac{y_1}{y_2}=\tan x\neq$ 常数，即它们线性无关，因此，$y=C_1\cos x+C_2\sin x$ 是 $y''+y=0$ 的通解.

由定理，要求方程(2)的通解，就要寻找方程(2)的两个线性无关的特解.

由方程(2)左边的 3 项加起来等于零，可知函数 $y,y',y''$ 应该是同类型的函数，由于指数函数和它的一阶、二阶导数是同类型的函数，因此猜想 $y=e^{rx}$ 可能是方程(2)的特解. 尝试如下：将 $y=e^{rx}$($r$ 为常数)代入 $y''+py'+qy=0$ 可得

$$(e^{rx})''+p(e^{rx})'+qe^{rx}=0,$$

从而有

$$(r^2+pr+q)e^{rx}=0,$$

因为 $e^{rx}\neq 0$，所以

$$r^2+pr+q=0. \tag{3}$$

可见，函数 $y=e^{rx}$ 是方程(2)的解，则 $r$ 就是代数方程(3)的根；反之，若 $r$ 是代数方程(3)的根，则函数 $y=e^{rx}$ 是方程(2)的解.

因此，我们只需解代数方程(3)得到 $r_1,r_2$ 两根，就可以得到方程(2)的两个特解.

一般地，我们把方程 $r^2+pr+q=0$ 叫作方程(2)的**特征方程**，其两个根 $r_1,r_2$ 叫作**特征根**. 根据一元二次方程的特征根的 3 种情况分别讨论如下.

**1. 特征方程有两个不相等的实根 $r_1\neq r_2$**

由上面讨论知，$y_1=e^{r_1x}$ 和 $y_2=e^{r_2x}$ 是方程(2)的两个解，又因为 $\dfrac{y_1}{y_2}=\dfrac{e^{r_1x}}{e^{r_2x}}=e^{(r_1-r_2)x}\neq$ 常数，所以 $y_1,y_2$ 线性无关，则方程(2)的通解为

$$y=C_1y_1+C_2y_2=C_1e^{r_1x}+C_2e^{r_2x}\ (C_1,C_2\ 为任意常数).$$

**例 1** 求微分方程 $y''-5y'+6y=0$ 的通解.

**解** 特征方程为 $r^2-5r+6=0$,
特征根为 $r_1=2, r_2=3$,
所以方程的通解为 $y=C_1e^{2x}+C_2e^{3x}$($C_1,C_2$ 为任意常数).

**2. 特征方程有两个相等的实根 $r_1=r_2$**

由于 $r_1=r_2$，$y_1=e^{r_1x}=e^{r_2x}$为一个特解. 要得到通解，则必须再找出一个与 $y_1$ 线性无关的特解 $y_2$.

不难验证，$y_2=xe^{r_1x}$也是方程(2)的解，而且与 $y_1$ 线性无关.

于是，方程(2)的通解为

$$y=C_1e^{r_1x}+C_2xe^{r_1x}=e^{r_1x}(C_1+C_2x)\ (C_1,C_2 \text{ 为任意常数}).$$

**例 2** 求方程 $y''-2y'+y=0$ 满足初值条件 $y|_{x=0}=0, y'|_{x=0}=3$ 的特解.

**解** 特征方程为 $r^2-2r+1=0$,
特征根为 $r_1=r_2=1$,
所以通解为 $y=(C_1+C_2x)e^x$.
又由通解得 $y'=C_2e^x+(C_1+C_2x)e^x$.
把初值条件 $y|_{x=0}=0, y'|_{x=0}=3$ 代入上面两式解得 $C_1=0, C_2=3$,
故满足初值条件的特解为 $y=3xe^x$.

**3. 特征方程有一对共轭复根 $r_{1,2}=\alpha\pm\beta i$**

这时，函数 $y_1=e^{(\alpha+\beta i)x}, y_2=e^{(\alpha-\beta i)x}$是方程(2)的两个特解，但是这里出现了复数，因此应用欧拉公式 $e^{i\theta}=\cos\theta+i\sin\theta$，则两个特解为

$$y_1=e^{(\alpha+\beta i)x}=e^{\alpha x}\cdot e^{\beta ix}=e^{\alpha x}(\cos\beta x+i\sin\beta x),$$

$$y_2=e^{(\alpha-\beta i)x}=e^{\alpha x}\cdot e^{-\beta ix}=e^{\alpha x}(\cos\beta x-i\sin\beta x).$$

由定理知

$$\bar{y}_1=\frac{1}{2}(y_1+y_2)=e^{\alpha x}\cos\beta x,$$

$$\bar{y}_2=\frac{1}{2i}(y_1-y_2)=e^{\alpha x}\sin\beta x$$

也是方程(2)的两个特解，且$\frac{\bar{y}_1}{\bar{y}_2}=\cot\beta x\neq$常数，故方程(2)的通解为

$$y=e^{\alpha x}(C_1\cos\beta x+C_2\sin\beta x).$$

**例 3** 求方程$\frac{d^2y}{dx^2}-2\frac{dy}{dx}+2y=0$ 的通解.

**解** 特征方程为 $r^2-2r+2=0$,

特征根为 $r_{1,2}=1\pm \mathrm{i}$,

所以方程的通解为 $y=\mathrm{e}^{x}(C_1\cos x+C_2\sin x)$.

### 6.2.2 归纳小结

综上所述，求二阶常系数齐次线性微分方程 $y''+py'+qy=0$ 的通解的步骤如下：

(1) 写出特征方程 $r^2+pr+q=0$;

(2) 解出特征根 $r_1, r_2$;

(3) 写出通解(形式如表 6.2 所示).

**表 6.2 二阶常系数齐次线性微分方程的特征根及其对应解**

| 特征方程 $r^2+pr+q=0$ 的根的情况 | 方程 $y''+py'+qy=0$ 的通解形式 |
|---|---|
| 两个不相等的实根 $r_1\neq r_2$ | $y=C_1\mathrm{e}^{r_1x}+C_2\mathrm{e}^{r_2x}$ |
| 两个相等的实根 $r_1=r_2=r$ | $y=(C_1+C_2x)\mathrm{e}^{rx}$ |
| 一对共轭复根 $r_{1,2}=\alpha\pm\beta\mathrm{i}$ | $y=(C_1\cos\beta x+C_2\sin\beta x)\mathrm{e}^{\alpha x}$ |

## 习题 6.2

1. 求下列微分方程的通解：

(1) $y''+y'-2y=0$;　(2) $\dfrac{\mathrm{d}^2y}{\mathrm{d}x^2}-4\dfrac{\mathrm{d}y}{\mathrm{d}x}=0$;　(3) $y''+y=0$;

(4) $\dfrac{\mathrm{d}^2y}{\mathrm{d}x^2}-6\dfrac{\mathrm{d}y}{\mathrm{d}x}+13y=0$;　(5) $4y''=0$.

2. 求下列微分方程满足给定初值条件的特解：

(1) $y''-4y'+3y=0$; $y|_{x=0}=6, y'|_{x=0}=10$;

(2) $y''+25y=0$; $y|_{x=0}=2, y'|_{x=0}=5$.

3. 设一火车的加速度与速度的 2 倍之差等于路程的 8 倍，试确定火车运动规律(即路程 $s$ 与时间 $t$ 的函数关系).

4. 试求 $y''=x$ 的经过点 $M(0,1)$ 且在此点与直线 $y=\dfrac{1}{2}x+1$ 相切的积分曲线.

5. 大炮以仰角为 $\alpha$、初速度为 $v_0$ 发射炮弹，若不计空气阻力，求弹道曲线.

# 6.3 微分方程的简单应用

**学习目标**

1. 掌握用微分方程解决实际问题的一般步骤.
2. 了解微分方程在研究生物生长方面的应用.
3. 了解微分方程在研究放射性物质的衰变方面的应用.
4. 了解微分方程在研究环境污染方面的应用.
5. 了解微分方程在研究天体运动方面的应用.
6. 了解微分方程在控制体重方面的应用.

通过前面两节的学习，读者应该掌握了一阶微分方程和二阶常系数线性微分方程的解法，并掌握了一阶微分方程和二阶常系数线性微分方程的求解过程. 在实际生活中，当我们遇到类似的问题，需要求一个未知函数或者掌握某事物的发展规律时，可以学以致用，举一反三，通过求解微分方程来解决实际问题.

## 6.3.1 利用微分方程解决实际问题的步骤

利用微分方程解决实际问题的一般步骤如下：

（1）分析问题，设未知函数，建立微分方程，找出初值条件；

（2）解微分方程得到通解；

（3）由初值条件确定通解中的任意常数，得到满足要求的特解.

## 6.3.2 微分方程的简单应用

**案例1** 生物生长曲线

某生物种群数量的增长与现存量成正比. 假设该生物初始量为 $y_0$，比例常数为 $a$. 试求：

（1）生物种群数量 $y$ 与时间 $t$ 的函数关系式；

（2）由于任何生物都受资源限制，因此不可能一直增长下去，假设最大数量为 $b$，求该生物种群的数量 $y$ 与时间 $t$ 的函数关系式.

**解** （1）设在 $t$ 时刻，生物种群数量为 $y$，则依据题意，有微分方程

$$\frac{dy}{dt}=ay,$$

其中 $a$ 为比例常数，初值条件为 $y|_{t=0}=y_0$. 上述方程为可分离变量的微分方程，先分离变量，再积分，得

$$y=Ce^{at}.$$

将初值条件 $y|_{t=0}=y_0$ 代入上式，得 $C=y_0$. 因此，所求函数关系式为

$$y=y_0e^{at}.$$

(2) 由于生物的生长要受到资源的制约，(1) 中指数生长曲线不可能永远存在. 因此，对生物生长速度必须加上一个限制条件，从而得到下面的有限制条件的微分方程：

$$\frac{dy}{dt}=ay(b-y),$$

其中 $a,b$ 为比例常数，初值条件为 $y|_{t=0}=y_0$.

当 $y(b-y)\neq 0$ 时，分离变量，再积分，得

$$\int\frac{1}{y(b-y)}dy=a\int dt,$$

即

$$\frac{1}{b}\int\left(\frac{1}{y}-\frac{1}{y-b}\right)dy=at+C_1,$$

$$\frac{1}{b}(\ln|y|-\ln|y-b|)=at+C_1,$$

$$\frac{y}{y-b}=Ce^{abt}(C=\pm e^{bC_1}).$$

将初值条件 $y|_{t=0}=y_0$ 代入上式通解中，得 $C=\frac{y_0}{y_0-b}$，于是特解为

$$\frac{y}{y-b}=\frac{y_0}{y_0-b}e^{abt},$$

即

$$y=\frac{by_0e^{abt}}{b+y_0(e^{abt}-1)}.$$

上述方程称为逻辑斯蒂(Logistic)方程，最初用于解决人口增长问题，随着模型不断优化，现在也常用来模拟生物群体总量随时间的变化关系. 科学家对模型不断进行优化，最终得到了这个解决典型问题的方程，我们应该学习科学家不断探索的工匠精神.

**案例 2** 放射性物质的衰变问题

放射性物质随时间延长，其质量会不断减少，这种现象叫作衰变. 实验告诉我们，放射性铀元素的衰变率与其质量成正比，试确定其衰变规律.

**解**　设铀在时刻 $t$ 的质量为 $m=m(t)$，则其衰变率为$\frac{\mathrm{d}m}{\mathrm{d}t}$. 根据题意知

$$\frac{\mathrm{d}m}{\mathrm{d}t}=-\lambda m,$$

其中 $\lambda$ 是比例常数，取负号是由于衰变率总是小于零(即质量只减少)，且初值条件为 $m|_{t=0}=m_0$.

分离变量得　$$\frac{\mathrm{d}m}{m}=-\lambda \mathrm{d}t,$$

两边积分得　$$\ln m=-\lambda t+C_1,$$

即　$$m=\mathrm{e}^{-\lambda t}\cdot \mathrm{e}^{C_1},$$

故　$$m=C\mathrm{e}^{-\lambda t},$$

代入初值条件$m|_{t=0}=m_0$，解得 $C=m_0$，所以 $m=m_0\mathrm{e}^{-\lambda t}$，这说明铀是按指数规律衰变的，如图 6.2 所示.

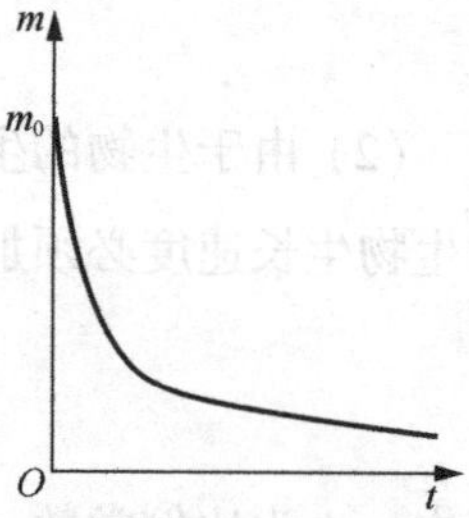

**图 6.2　铀的衰变曲线**

**案例 3**　环境污染问题

某山村有一个容积为 5 000m$^3$ 的池塘，池水清澈. 从现在开始发现有浓度为 5%的有害废水流入，流速为 2m$^3$/h，充分混合后又以相同的流速经溢出口流出. 问：整池水的有害物质浓度达到 4%需要多长时间？最终池塘中有害物质的浓度将稳定在多少？

**解**　设在 $t$ 时刻池塘中有害物质含量为 $h(t)$，此时池塘中有害物质浓度为$\frac{h(t)}{5\ 000}$. 因为单位时间流入的有害物质的量减去流出的有害物质的量等于有害物质的变化量，所以由题意可得

$$\frac{\mathrm{d}h}{\mathrm{d}t}=5\%\times 2-\frac{h(t)}{5\ 000}\times 2,$$

即
$$\frac{\mathrm{d}h}{\mathrm{d}t}=0.1-\frac{h}{2\ 500},$$

分离变量后积分得
$$\int\frac{\mathrm{d}h}{0.1-\frac{h}{2\ 500}}=\int \mathrm{d}t,$$

$$-2\ 500\ln\left(0.1-\frac{h}{2\ 500}\right)=t+C_1,$$

化简得
$$0.1-\frac{h}{2\ 500}=C\mathrm{e}^{-\frac{t}{2\ 500}}(\text{其中 } C=\mathrm{e}^{-\frac{C_1}{2\ 500}}).$$

$$h(t)=250-2\ 500C\mathrm{e}^{-\frac{t}{2500}}$$

经过分析得出$h(t)|_{t=0}=0$，代入上式解得 $C=0.1$，所以

$$h(t)=250(1-\mathrm{e}^{-\frac{t}{2\ 500}}).$$

当池塘中有害物质浓度达到4%时，有害物质的量为 $h=5\,000\times4\%=200(\mathrm{m}^3)$，代入上式解得 $t\approx4\,024\mathrm{h}$(大约6个月).

令 $t\to+\infty$，求极限得

$$\lim_{t\to+\infty}h(t)=\lim_{t\to+\infty}250(1-\mathrm{e}^{-\frac{t}{2\,500}})=250,$$

又

$$\frac{250}{5\,000}\times100\%=5\%,$$

所以池塘中有害物质的浓度最终将稳定在5%. 有兴趣的读者可以画出有害物质的浓度图以加深理解.

大自然是我们赖以生存的家园，我们应该尊重自然，树立环境保护意识，爱护我们的环境，保护我们的家园.

**案例4** 第二宇宙速度

发射人造卫星时，需要给予卫星一个最小速度使卫星摆脱地球的引力，能够像地球一样绕太阳运行，这个最小速度就是第二宇宙速度. 试求出第二宇宙速度的大小.

**解** 假设地球和卫星的质量分别是 $M$ 和 $m$，$r$ 为二者之间的距离. 根据万有引力定律得

$$F=k\frac{Mm}{r^2}\ (k\text{ 为万有引力系数}),$$

又由牛顿第二定律得

$$m\frac{\mathrm{d}^2r}{\mathrm{d}t^2}=-k\frac{Mm}{r^2},$$

即

$$\frac{\mathrm{d}^2r}{\mathrm{d}t^2}=-k\frac{M}{r^2}, \tag{1}$$

这里的负号表示卫星的加速度是负的.

设地球半径为 $R(R=6.3\times10^6\mathrm{m})$，卫星发射速度为 $v_0$，则当卫星刚刚离开地球表面时，$r=R$，$\frac{\mathrm{d}r}{\mathrm{d}t}=v_0$，即初值条件为：$t=0$ 时，$r=R,\frac{\mathrm{d}r}{\mathrm{d}t}=v_0$.

令 $\frac{\mathrm{d}r}{\mathrm{d}t}=v$，得

$$\frac{\mathrm{d}^2r}{\mathrm{d}t^2}=\frac{\mathrm{d}v}{\mathrm{d}t}=\frac{\mathrm{d}v}{\mathrm{d}r}\cdot\frac{\mathrm{d}r}{\mathrm{d}t}=v\frac{\mathrm{d}v}{\mathrm{d}r},$$

代入式(1)得

$$v\frac{\mathrm{d}v}{\mathrm{d}r}=-k\frac{M}{r^2},$$

解得

$$\frac{1}{2}v^2=k\frac{M}{r}+C.$$

将初值条件 $r=R,\frac{\mathrm{d}r}{\mathrm{d}t}=v_0$ 代入上式，解得 $C=\frac{1}{2}v_0^2-k\frac{M}{R}$，

所以

$$\frac{1}{2}v^2=k\frac{M}{r}+\left(\frac{1}{2}v_0^2-k\frac{M}{R}\right).$$

因为卫星的速度始终保持正的，即$\frac{1}{2}v^2>0$，而随着 $r$ 不断增大，量 $k\frac{M}{r}$变得越来越小，所以

$$\frac{1}{2}v_0^2-k\frac{M}{R}\geqslant 0,$$

即

$$v_0\geqslant\sqrt{\frac{2kM}{R}}.$$

又有 $mg=k\frac{Mm}{R^2}$，解得$\frac{kM}{R}=gR$，代入上式得

$$v_0\geqslant\sqrt{\frac{2kM}{R}}=\sqrt{2gR}=\sqrt{2\times 9.8\times 6.3\times 10^6}=11.1\times 10^3(\mathrm{m/s}).$$

这就是我们经常说到的第二宇宙速度.

**案例 5**　控制体重问题

某女士每天摄入含有 2 500cal 热量的食物，其中 1 200cal 热量用于基础新陈代谢(即自动消耗)，并以每千克体重消耗 16cal 热量用于日常锻炼，其他的热量转化为身体的脂肪(假设 10 000cal 热量可转换成 1kg 脂肪). 在周日晚上她的体重是 57. 152 6kg，周四那天她没有控制饮食，摄入了含有 3 500cal 热量的食物.

求：(1) 她在周六的体重；

(2) 为了不增加体重，每天她最多摄入的热量是多少？

**解**　为了建立体重 $w$ 与时间 $t$ 的函数关系，假设 $D$ 为脂肪的能量转化系数，$w(t)$ 为体重关于时间 $t$ 的函数，$r$ 为每千克体重每小时运动所消耗的能量，$b$ 为每千克体重每小时所消耗的能量，$A$ 为平均每小时摄入的能量.

按照能量平衡原理，任何时间段内由于体重的改变所引起的人体内能量的变化应该等于这段时间内摄入的能量与消耗的能量之差.

选取某一段时间$[t,t+\Delta t]$，在$[t,t+\Delta t]$内考虑能量的改变.

设体重改变的能量变化为 $\Delta W$，则有 $\Delta W=[w(t+\Delta t)-w(t)]D$；设摄入与消耗的能量之差为 $\Delta M$，则有 $\Delta M=[A-(b+r)w(t)]\Delta t$. 根据能量平衡原理，有

$$\Delta w=\Delta M,$$

即

$$[w(t+\Delta t)-w(t)]D=[A-(b+r)w(t)]\Delta t.$$

取 $\Delta t\to 0$，可得

$$\begin{cases}\frac{\mathrm{d}w}{\mathrm{d}t}=\frac{A-(b+r)w}{D},\\ w(0)=w_0.\end{cases}$$

根据以上微分方程模型，具体解决该女士的问题的步骤如下.

(1) 设该女士的体重为 $w(t)$，时间 $t$ 从周日晚上开始计时，建立微分方程为

$$\begin{cases}\dfrac{dw}{dt}=\dfrac{1\,300-16w}{10\,000},\\ w(0)=57.152\,6,\end{cases}$$

其中 1 300=2 500−1 200. 解微分方程，得其解为

$$w(t)=81.25-24.097\,4e^{-0.001\,6t}. \tag{2}$$

假设时间 $t$ 以天为计时单位，记 $w(3)$ 为周三晚上的体重. 把 $t=3$ 代入式(2)，得

$$w(3)=57.268\,0.$$

记 $\beta$ 为每天摄入的热量，在 $t=4$ 时，摄入的热量发生变化，这时 $\beta=3\,500-1\,200=2\,300$，相应的微分方程为

$$\begin{cases}\dfrac{dw}{dt}=\dfrac{2\,300-16w}{10\,000},\\ w(3)=57.268\,0.\end{cases}$$

解此微分方程，得其解为

$$w(t)=143.75-86.898\,1e^{-0.001\,6t}. \tag{3}$$

把 $t=4$ 代入式(3)计算出 $w(4)=57.406\,3$.

在 $t>4$ 时，摄入量又变为 $\beta=1\,300$，再建立微分方程

$$\begin{cases}\dfrac{dw}{dt}=\dfrac{1\,300-16w}{10\,000},\\ w(4)=57.406\,3.\end{cases}$$

解此微分方程，得其解为

$$w(t)=81.25-23.991\,8e^{-0.001\,6t}. \tag{4}$$

把 $t=6$ 代入式(4)，得 $w(6)=57.487\,4$. 所以这位女士在周六的体重为 57.487 4kg.

(2) 若不想增加体重，则有 $\beta-16w=0$，所以摄入的热量 $\beta$ 为

$$\beta=1\,200+16\times 57.152\,6=2\,114(\text{cal}).$$

若该女士不想增加体重的话，每天她最多摄入的热量是 2 114cal.

这就是学习微分方程的重要性，控制体重不可盲目，也不能不吃饭，要科学理性地控制体重.

## 习题 6.3

1. 一质量为 $m$ 的潜水艇从水面由静止状态开始下降，所受阻力与下降速度成正比(比例系数为 $k$)，试求潜水艇下降深度与时间的函数关系.

2. 按照牛顿冷却定理，在物体和周围环境温差不是很大的情况下，物体冷却的速度

与温差成正比. 如果牛奶从微波炉中取出时的温度为95℃，室温为20℃，20min 后牛奶的温度为70℃. 求：

（1）牛奶温度的变化规律；

（2）30min 后牛奶的温度.

3. 一只小船停止划桨后在水面滑行，受到的阻力与小船速度成正比. 已知小船在停止划桨时的速度为 2m/s，5s 后速度下降为 1m/s，求停止划桨后小船在时刻 $t$ 的速度 $v=v(t)$.

4. 设单摆摆长为 $l$，质量为 $m$. 开始时让单摆偏移一个小角度 $\theta_0$，然后将其放开，让其自由摆动. 在不计空气阻力的条件下，求角位移 $\theta_0$ 随时间 $t$ 变化的规律.

## 6.4　利用 MATLAB 求解微分方程

**学习目标**

能用 MATLAB 求解微分方程.

### 6.4.1　MATLAB 中用于求解微分方程的命令

MATLAB 中用于求解微分方程的命令如表 6.3 所示.

**表 6.3　MATLAB 中用于求解微分方程的命令**

| 命令 | 意义 |
|---|---|
| dsolve('方程 1','方程 2',…,'方程 n','初值条件','自变量') | 求方程 1,方程 2,…,方程 $n$ 满足初值条件的特解 |

**说明**：(1)在 MATLAB 中 $y'$要用“Dy”表示，$y''$用“D2y”表示，剩余导数以此类推；

（2）当在命令中省略初值条件时，表示求微分方程的通解，否则为特解；

（3）在输入方程时，必须将微分方程的最高阶导数前的系数化为 1.

### 6.4.2　利用 MATLAB 求解微分方程举例

**例 1**　求解微分方程$\frac{dy}{dx}=2xy$.

**命令**

```
>>clear
>>syms x y;
>>dsolve('Dy=2*x*y','x')
```

**运行结果**

```
ans=
        y=C1*exp(x^2)
```

**例 2** 求解微分方程 $y'-2xy=e^{x^2}\cos x, y|_{x=0}=\dfrac{9}{2}$.

**命令**

```
>>dsolve('Dy-2*x*y=exp(x^2)*cos(x)','y(0)=9/2','x')
```

**运行结果**

```
ans=
        exp(x^2)*sin(x)+9/2*exp(x^2)
```

**例 3** 求解微分方程 $y''-5y'+6y=0$.

**命令**

```
>>dsolve('D2y-5*Dy+6*y=0','x')
```

**运行结果**

```
ans=
        C1*exp(3*x)+C2*exp(2*x)
```

**例 4** 求解微分方程 $y''-4y'+3y=e^{4x}$.

**命令**

```
>>dsolve('D2y-4*Dy+3*y=exp(4*x)','x')
```

**运行结果**

```
ans=
        exp(x)*C2+C1*exp(3*x)+1/3*exp(4*x)
```

## 习题 6.4

1. 用命令 dsolve 求下列微分方程的通解：

(1) $y'=2xe^{-y}$；　　(2) $y'=e^{2x-y}$；

(3) $y''-4y'+4y=0$；　　(4) $y''-5y'+6y=3x+2$.

2. 用命令 dsolve 求下列微分方程满足初值条件的特解：

(1) $y'+xy=2xe^{-x^2}, y|_{x=0}=1$；

(2) $xy'=y+x\ln x, y|_{x=1}=\frac{1}{2}$ .

# 复习题六

一、简答题.

1. 什么是微分方程？什么是微分方程的阶、解、通解及特解？

2. 什么是一阶线性微分方程？

3. 什么是二阶线性微分方程？什么是二阶常系数齐次线性微分方程？

二、选择题.

1. 下列方程中是线性微分方程的是(　　).

A. $(y'')^2+P(x)y'=0$　　B. $\frac{y''}{y'}+3y'=0$

C. $y'''+\frac{p(x)y}{y''}q(x)y'+f(x)=0$　　D. $y'''+y''=f(x)$

2. 微分方程 $\left(\frac{d^2y}{dx^2}\right)^2+\frac{d^3y}{dx^3}+4\frac{dy}{dx}+y^5+x=0$ 是(　　)阶的.

A. 五　　B. 四　　C. 三　　D. 二

3. 一阶线性微分方程 $y'+\frac{2}{x}y=x^3$ 的通解为(　　).

A. $\frac{1}{6}x^6+C$　　B. $\frac{1}{7}x^7+C$

C. $x^{-2}\left(\frac{1}{6}x^6+C\right)$　　D. $x^2\left(\frac{1}{6}x^6+C\right)$

4. 方程 $\frac{d^2y}{dx^2}+4\frac{dy}{dx}+8y=0$ 的两个线性无关的特解是(　　).

A. $e^{2x}$ 与 $e^{-2x}$　　B. $e^{-2x}\cos 2x$ 与 $e^{-2x}\sin 2x$

C. $e^{2ix}$ 与 $e^{-2ix}$　　D. $\cos(2xi)$ 与 $\sin(-2xi)$

5. 若二阶常系数齐次线性微分方程的通解为 $y=C_1e^{2x}+C_2e^{3x}$，则相应的微分方程为(　　).

A. $y''+2y'-3y=0$　　B. $y''-3y'+4y=0$

C. $y''-4y'+5y=0$　　D. $-y''+5y'-6y=0$

三、求下列一阶微分方程的通解.

1. $xy'-y\ln y=0$.

2. $xyy'=1-x^2$.

3. $y'-y=e^x$.

4. $xy'+y=x^2+3x+2$.

四、求下列一阶微分方程满足初值条件的特解.

1. $y'=-\frac{y}{x}, y|_{x=1}=1$.

2. $xy'+y=4, y|_{x=1}=0$.

五、求下列二阶常系数齐次线性微分方程的通解.

1. $y''+4y'-5y=0$.

2. $y''+4y'+4y=0$.

3. $y''+2y'+4y=0$.

4. $y=y''+y'$.

5. $y''+3y=0$.

六、求下列二阶常系数齐次线性微分方程满足初值条件的特解.

1. $y''-4y'+3y=0, y|_{x=0}=6, y'|_{x=0}=10$.

2. $y''+y'=0, y|_{x=0}=2, y'|_{x=0}=5$.

# 第7章　空间解析几何

## 7.1　向量及其运算

**学习目标**

1. 理解空间直角坐标系的概念.

2. 理解空间向量的概念.

3. 掌握向量的线性运算.

4. 掌握用坐标进行向量的运算.

5. 掌握向量的数量积与向量积.

### 7.1.1　空间直角坐标系

**1. 空间直角坐标系的概念**

为了打通空间图形与数的研究，我们需要建立空间的点与有序数组之间的联系，为此我们通过引进空间直角坐标系来实现.

过定点 $O$，作3条互相垂直的数轴，它们都以 $O$ 为原点且一般具有相同的长度单位. 这3条数轴分别叫作 $x$ 轴(横轴)、$y$ 轴(纵轴)、$z$ 轴(竖轴)，统称坐标轴. 通常把 $x$ 轴和 $y$ 轴配置在水平面上，而 $z$ 轴则是铅垂线，如图7.1所示. 各轴的正方向按法则确定，即以右手握住 $z$ 轴，当右手的四指从 $x$ 轴正向以 $\frac{\pi}{2}$ 角度转向 $y$ 轴正向时，大拇指的指向就是 $z$ 轴的正向，这样的3条坐标轴就组成了一个空间直角坐标系，点 $O$ 叫作坐标原点，如图7.2所示.

3条坐标轴中的任意两条可以确定一个平面，这样定出的3个平面统称为坐标面，即平面 $xOy$, $yOz$, $zOx$. 3个坐标面把整个空间分成8个部分，称为8个卦限. $xOy$ 坐标面的上方，由 $x$ 轴、$y$ 轴和 $z$ 轴的正半轴确定的为第Ⅰ卦限，按逆时针方向依次为第Ⅱ、Ⅲ、Ⅳ卦限；$xOy$ 坐标面的下方，对应的依次为第Ⅴ、Ⅵ、Ⅶ、Ⅷ卦限，如图7.3所示.

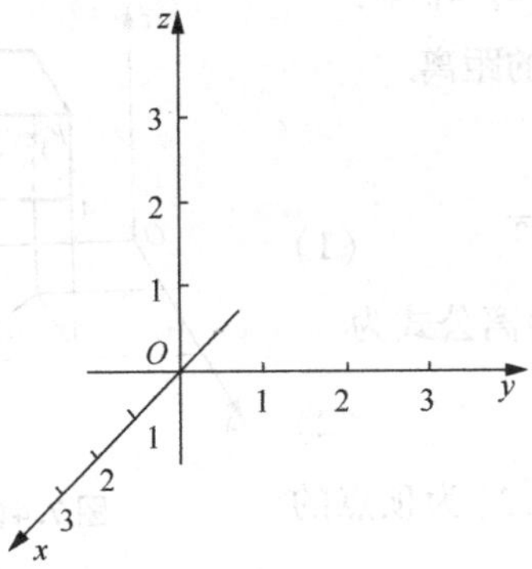


图 7.1

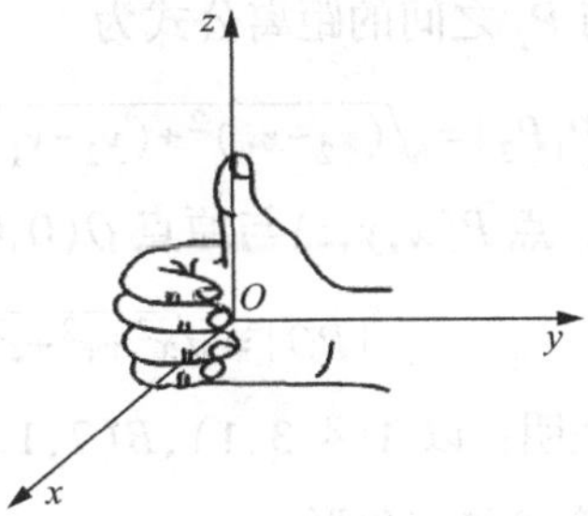


图 7.2

取定了空间直角坐标系后，就可以建立起空间的点与有序数组之间的对应关系.

设点 $P$ 为空间一已知点. 我们过点 $P$ 作 3 个平面分别垂直于 $x$ 轴、$y$ 轴、$z$ 轴，它们与 $x$ 轴、$y$ 轴、$z$ 轴的交点依次为 $A,B,C$，这 3 点在 $x$ 轴、$y$ 轴、$z$ 轴的坐标依次为 $x,y,z$. 于是空间的一点 $P$ 就唯一地确定了一个有序数组 $x,y,z$. 这组数 $x,y,z$ 就叫作点 $P$ 的坐标，并依次称 $x,y,z$ 为点 $P$ 的横坐标、纵坐标和竖坐标. 坐标为 $x,y,z$ 的点 $P$ 通常记为 $P(x,y,z)$，如图 7.4 所示.

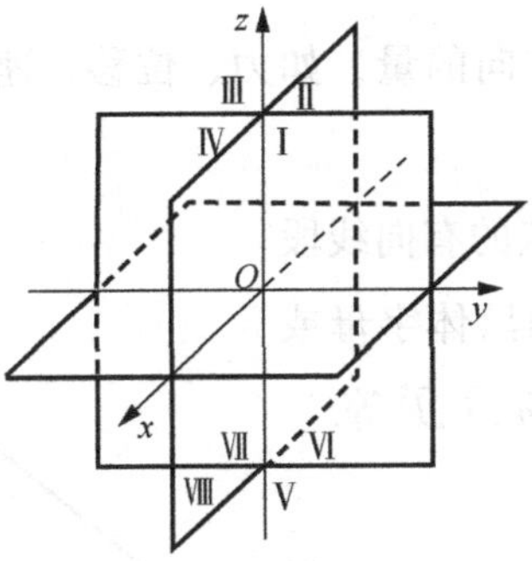


图 7.3

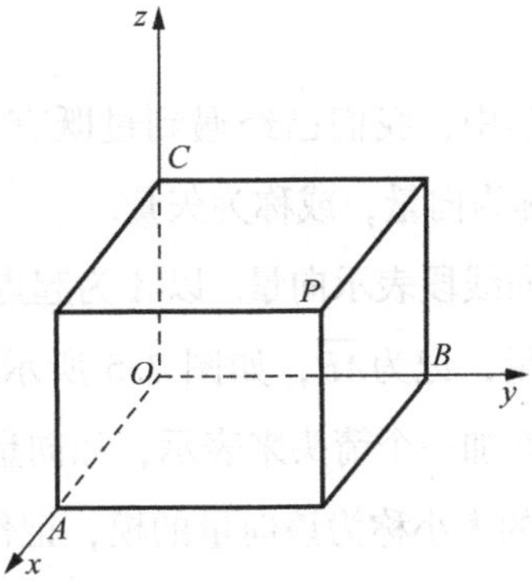


图 7.4(1)

这样，通过空间直角坐标系，我们就建立了空间的点 $P$ 和有序数组 $x,y,z$ 之间的一一对应关系.

**注意：** 坐标面上和坐标轴上的点，其坐标各有一定的特征.

**例 1** 如果点 $P$ 在 $yOz$ 平面上，则 $x=0$；如果点 $P$ 在 $zOx$ 平面上，则 $y=0$；如果点 $P$ 在 $x$ 轴上，则 $y=z=0$；如果点 $P$ 是原点，则 $x=y=z=0$；等等.

**2. 空间两点间的距离**

设 $P_1(x_1,y_1,z_1)$ 和 $P_2(x_2,y_2,z_2)$ 为空间两点，求点 $P_1$ 与 $P_2$ 之间的距离 $|P_1P_2|$. 过点 $P_1$ 与 $P_2$ 分别作垂直于各坐标轴的平面，构成一个长方体. 长方体的 3 条棱长分别为

$$|P_1A|=|x_2-x_1|,\quad |AD|=|y_2-y_1|,\quad |DP_2|=|z_2-z_1|,$$

而长方体对角线的长度$|P_1P_2|$即为 $P_1$ 与 $P_2$ 之间的距离.

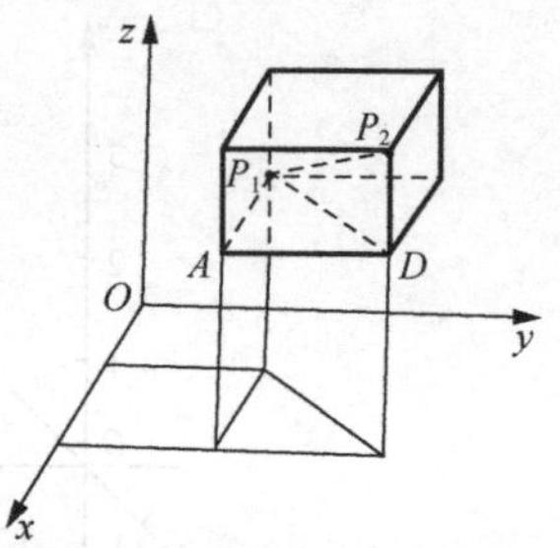

图 7.4(2)

点 $P_1$ 与 $P_2$ 之间的距离公式为

$$|P_1P_2|=\sqrt{(x_2-x_1)^2+(y_2-y_1)^2+(z_2-z_1)^2}. \tag{1}$$

特别地，点 $P(x,y,z)$ 与原点 $O(0,0,0)$ 间的距离公式为

$$|PO|=\sqrt{x^2+y^2+z^2}. \tag{2}$$

**例 2**　证明：以 $A(4,3,1)$，$B(7,1,2)$，$C(5,2,3)$ 为顶点的 $\triangle ABC$ 是一个等腰三角形.

**解**　由两点间距离公式得

$$|AB|=\sqrt{(7-4)^2+(1-3)^2+(2-1)^2}=\sqrt{14},$$
$$|BC|=\sqrt{(5-7)^2+(2-1)^2+(3-2)^2}=\sqrt{6},$$
$$|CA|=\sqrt{(4-5)^2+(3-2)^2+(1-3)^2}=\sqrt{6},$$

由于$|BC|=|CA|=\sqrt{6}$，所以$\triangle ABC$ 是一个等腰三角形.

### 7.1.2　向量的概念

在物理学中，我们已经遇到过既有大小又有方向的量，如力、位移、速度、加速度等. 这类量称为向量，或称为矢量.

常用有向线段表示向量. 以 $A$ 为起点、$B$ 为终点的有向线段所表示的向量，记为$\overrightarrow{AB}$，如图 7.5 所示. 向量也用黑体字母或拉丁字母上面加一个箭头来表示，如向量 $\boldsymbol{a},\boldsymbol{i},\boldsymbol{F}$ 或 $\vec{a},\vec{i},\vec{F}$ 等.

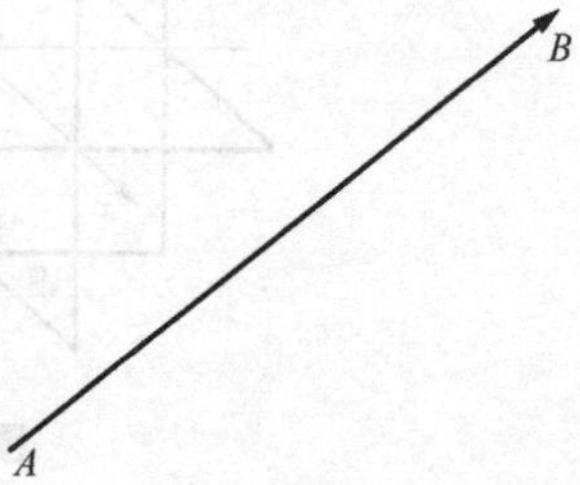

图 7.5

向量 $\vec{a}$ 的大小称为该向量的模，记作$|\vec{a}|$.

模等于 1 的向量称为单位向量，与向量 $\vec{a}$ 同向的单位向量记为 $\vec{a}^{\circ}$；模等于 0 的向量称为零向量，记为 $\vec{0}$，方向任意.

模相等且方向相同的两向量相等.

将两向量移到同一起点时，它们的正向之间所夹的不大于 180°的那个角，称为两向量的夹角.

### 7.1.3　向量的线性运算

将物理学中力合成的平行四边形法则加以抽象，就得到向量加法的定义.

**定义 1**　设非零向量 $\vec{a},\vec{b}$ 不平行，以 $\vec{a},\vec{b}$ 为边的平行四边形的对角线 $\vec{c}$ 所表示的向

量，称为向量 $\vec{a}$,$\vec{b}$ 的和向量，记为 $\vec{a}+\vec{b}$，这就是向量加法的平行四边形法则.

求向量和的方法也可以用向量加法的三角形法则，该法则还可推广到多个向量相加的情形，如图 7.6、图 7.7、图 7.8(1)所示.

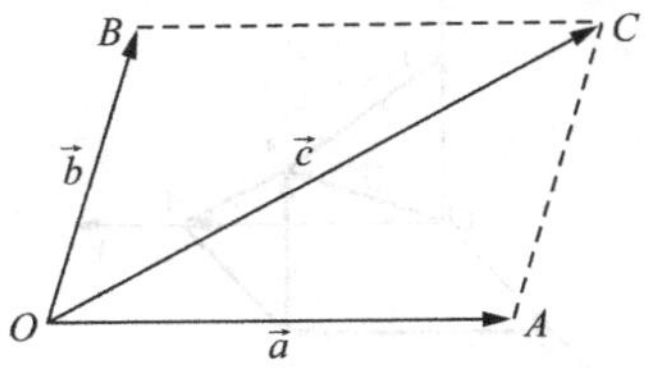


**图 7.6**

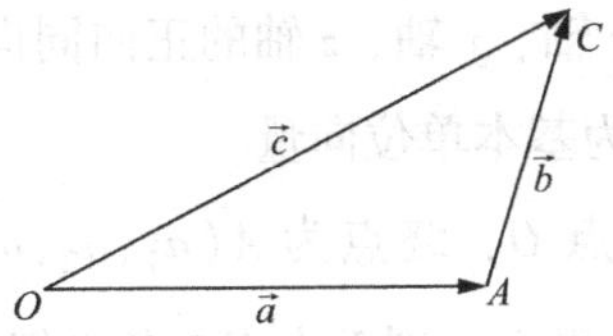


**图 7.7**

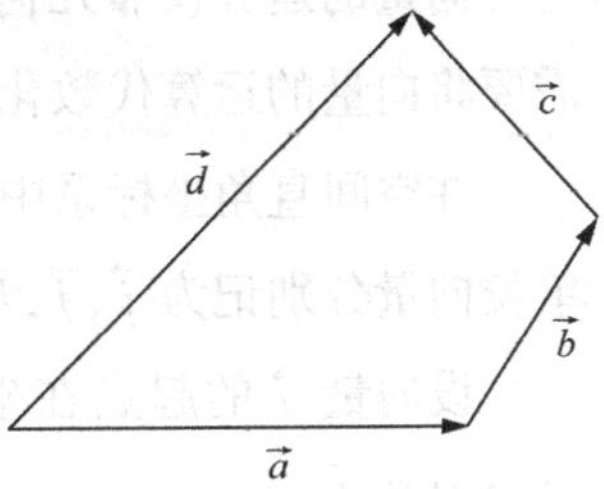


**图 7.8(1)**

向量的减法像实数减法一样，定义为加法的逆运算.

**定义 2** 设向量 $\vec{a}$ 与 $\vec{b}$ 的和是向量 $\vec{c}$，则向量 $\vec{b}$ 就定义为向量 $\vec{c}$ 与 $\vec{a}$ 的差，记作

$$\vec{b}=\vec{c}-\vec{a}.$$

求向量差 $\vec{c}-\vec{a}$ 的运算称为向量的减法.

求向量差 $\vec{c}-\vec{a}$ 也可以用向量减法的三角形法则.

由 $\vec{b}=\vec{c}+(-\vec{a})$，于是得到向量减法的法则：

向量 $\vec{c}$ 加上 $\vec{a}$ 的负向量$-\vec{a}$ 就得到 $\vec{c}-\vec{a}$.

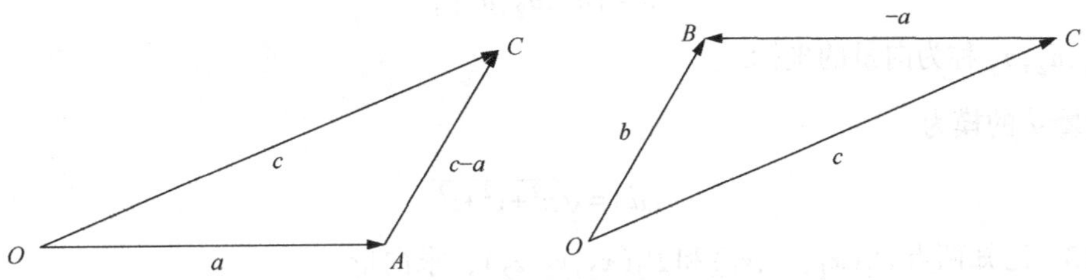


**图 7.8(2)**

**定义 3** 设给定实数 $\lambda$ 与向量 $\vec{a}$，$\lambda$ 与 $\vec{a}$ 的乘积(简称向量的数乘)定义为一个向量，记为 $\lambda\vec{a}$，且

(1) $|\lambda\vec{a}|=|\lambda||\vec{a}|$；

(2) $\lambda\vec{a}$的方向为，当 $\lambda>0$ 时，其方向与 $\vec{a}$ 相同；当 $\lambda<0$ 时，其方向与 $\vec{a}$ 相反；当 $\lambda=0$或 $a=0$ 时，$\lambda\vec{a}$为零向量.

数乘向量满足结合律与分配律，即

$$\lambda(\mu\vec{a})=\mu(\lambda\vec{a})=(\lambda\mu)\vec{a},$$
$$(\lambda+\mu)\vec{a}=\lambda\vec{a}+\mu\vec{a},$$
$$\lambda(\vec{a}+\vec{b})=\lambda\vec{a}+\lambda\vec{b},$$

其中 $\lambda$,$\mu$ 是两个任意实数.

### 7.1.4　向量的坐标表示

向量的运算仅靠几何方法来研究有些不便. 为此，我们需要将向量的运算代数化. 下面先介绍向量的坐标表示法.

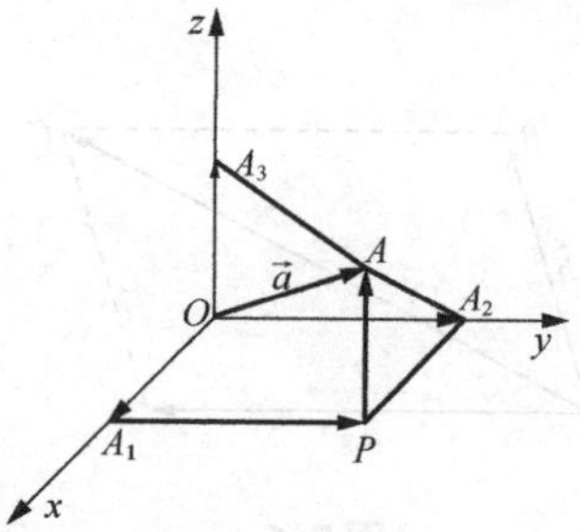


图 7.9

在空间直角坐标系中，与 $x$ 轴、$y$ 轴、$z$ 轴的正向同向的单位向量分别记为 $\vec{i},\vec{j},\vec{k}$，称为基本单位向量.

设向量 $\vec{a}$ 的起点在坐标原点 $O$，终点为 $A(a_1,a_2,a_3)$. 过 $\vec{a}$ 的终点 $A(a_1,a_2,a_3)$ 作 3 个平面分别垂直于 3 条坐标轴，设垂足依次为 $A_1,A_2,A_3$，如图 7.9 所示，则点 $A(a_1,a_2,a_3)$ 在 $x$ 轴上的坐标为 $a_1$，根据向量与数的乘法得向量 $OA_1=a_1\vec{i}$，同理 $OA_2=a_2\vec{j},OA_3=a_3\vec{k}$. 于是，由向量加法的三角形法则，有

$$\begin{aligned}\vec{a}&=\overrightarrow{OA}=\overrightarrow{OA_1}+\overrightarrow{A_1P}+\overrightarrow{PA}\\&=\overrightarrow{OA_1}+\overrightarrow{OA_2}+\overrightarrow{OA_3}\\&=a_1\vec{i}+a_2\vec{j}+a_3\vec{k}.\end{aligned}$$

$\vec{a}=a_1\vec{i}+a_2\vec{j}+a_3\vec{k}$ 称为向量 $\vec{a}$ 的坐标表示式，记作

$$\vec{a}=\{a_1,a_2,a_3\},$$

其中 $a_1,a_2,a_3$ 称为向量的坐标.

向量 $\vec{a}$ 的模为

$$|\vec{a}|=\sqrt{x^2+y^2+z^2}.$$

**例 3**　已知两点 $P_1(x_1,y_1,z_1)$ 和 $P_2(x_2,y_2,z_2)$，求向量 $\overrightarrow{P_1P_2}$ 的坐标.

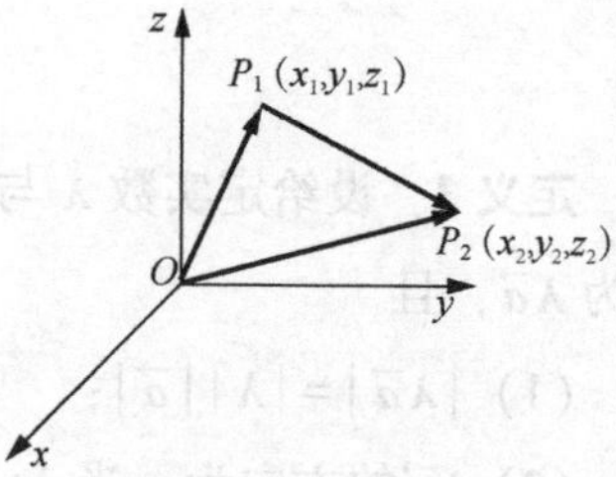


图 7.10

**解**　如图 7.10 所示，

$$\begin{aligned}\overrightarrow{P_1P_2}&=\overrightarrow{OP_2}-\overrightarrow{OP_1}\\&=(x_2\vec{i}+y_2\vec{j}+z_2\vec{k})-(x_1\vec{i}+y_1\vec{j}+z_1\vec{k})\\&=(x_2-x_1)\vec{i}+(y_2-y_1)\vec{j}+(z_2-z_1)\vec{k}.\end{aligned}$$

所以

$$\overrightarrow{P_1P_2}=\{x_2-x_1,y_2-y_1,z_2-z_1\}.$$

向量的坐标等于其终点坐标减去其起点坐标.

## 7.1.5 利用坐标进行向量的线性运算

设向量 $\vec{a}=\{x_1,y_1,z_1\},\vec{b}=\{x_2,y_2,z_2\}$，向量的加法、减法及数乘向量的坐标运算如下：

(1) $\vec{a}\pm\vec{b}=\{x_1\pm x_2,y_1\pm y_2,z_1\pm z_2\}$； (3)

(2) $\lambda\vec{a}=\{\lambda x_1,\lambda y_1,\lambda z_1\}$，其中 $\lambda\in\mathbf{R}$. (4)

设向量 $\vec{a}=\{x_1,y_1,z_1\},\vec{b}=\{x_2,y_2,z_2\}$，$\vec{b}$ 为非零向量，则向量 $\vec{a}$ 与 $\vec{b}$ 平行的充分必要条件是 $\vec{a}=\lambda\vec{b}$，用坐标表示为

$$\frac{x_1}{x_2}=\frac{y_1}{y_2}=\frac{z_1}{z_2}. \tag{5}$$

式(5)中，当某个分母为零时，约定相应的分子也为零.

**例 4** 已知 $\vec{a}=\{2,1,1\},\vec{b}=\{-3,2,0\}$，求 $\vec{a}-\vec{b}$ 和 $2\vec{a}+3\vec{b}$.

**解** $\vec{a}-\vec{b}=\{2-(-3),1-2,1-0\}=\{5,-1,1\}$.

$2\vec{a}+3\vec{b}=\{4,2,2\}+\{-9,6,0\}=\{-5,-4,2\}$.

## 7.1.6 方向余弦

若非零向量 $\vec{a}=\{a_1,a_2,a_3\}$ 与 3 个坐标轴正向间的夹角分别为 $\alpha,\beta,\gamma$，且规定 $0\leqslant\alpha,\beta,\gamma\leqslant\pi$，则称 $\alpha,\beta,\gamma$ 为向量 $\vec{a}$ 的方向角，并称 3 个方向角的余弦 $\cos\alpha,\cos\beta,\cos\gamma$ 为向量 $\vec{a}$ 的方向余弦，如图 7.11 所示，可知

$$\begin{cases}\cos\alpha=\dfrac{a_1}{|\vec{a}|}=\dfrac{a_1}{\sqrt{a_1^2+a_2^2+a_3^2}},\\ \cos\beta=\dfrac{a_2}{|\vec{a}|}=\dfrac{a_2}{\sqrt{a_1^2+a_2^2+a_3^2}},\\ \cos\gamma=\dfrac{a_3}{|\vec{a}|}=\dfrac{a_3}{\sqrt{a_1^2+a_2^2+a_3^2}}.\end{cases} \tag{6}$$

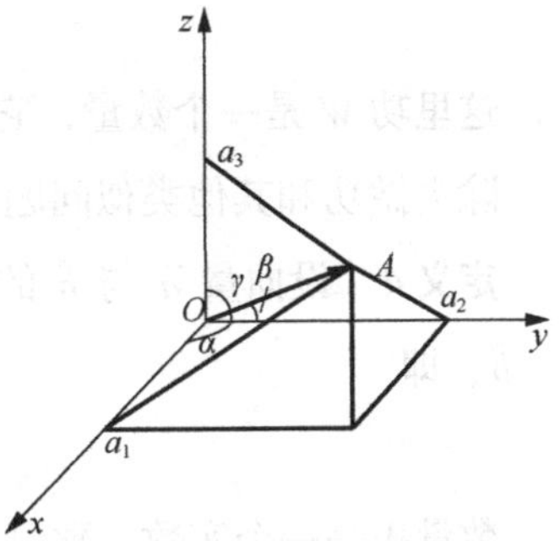

**图 7.11**

由式(6)可得 $\cos^2\alpha+\cos^2\beta+\cos^2\gamma=1$.

**例 5** 已知 $M_1(1,-2,3),M_2(4,2,-1)$，求 $\overrightarrow{M_1M_2}$ 的模及方向余弦.

**解** $\overrightarrow{M_1M_2}=\{4-1,2-(-2),-1-3\}=\{3,4,-4\}$.

$$\cos\alpha=\frac{3}{\sqrt{41}},\cos\beta=\frac{4}{\sqrt{41}},\cos\gamma=\frac{-4}{\sqrt{41}}.$$

**例 6**　已知作用于一质点的 3 个力为$\overrightarrow{F_1}=\vec{i}-2\vec{k},\overrightarrow{F_2}=2\vec{i}-3\vec{j}+4\vec{k},\overrightarrow{F_3}=\vec{j}+\vec{k}$，求其合力$\vec{F}$的大小和方向角.

**解**　因为$\vec{F}=\overrightarrow{F_1}+\overrightarrow{F_2}+\overrightarrow{F_3}=\{1,0,-2\}+\{2,-3,4\}+\{0,1,1\}=\{3,-2,3\}$，即

$$\vec{F}=3\vec{i}-2\vec{j}+3\vec{k},$$

所以

$$|\vec{F}|=\sqrt{3^2+(-2)^2+3^2}=\sqrt{22}\approx 4.7,$$

$$\cos\alpha=\frac{3}{\sqrt{22}},\cos\beta=-\frac{2}{\sqrt{22}},\cos\gamma=\frac{3}{\sqrt{22}},$$

进而可得 $\alpha=50°14',\beta=115°14',\gamma=50°14'$.

因此，合力大小的近似值为 4.7 个单位，合力的 3 个方向角分别为 $\alpha=50°14',\beta=115°14',\gamma=50°14'$.

### 7.1.7　向量的数量积

**1. 向量的数量积的概念**

已知一物体在常力$\vec{F}$的作用下，沿直线移动，位移为$\vec{s}$，力$\vec{F}$的方向与物体的运动方向的夹角为$\theta$，则力$\vec{F}$所做的功为

$$W=|\vec{F}||\vec{s}|\cos\theta.$$

这里功 $W$ 是一个数量，它由向量$\vec{F}$和$\vec{s}$的模及夹角余弦所决定.

除去做功和其他类似问题的物理背景，我们引入向量的数量积概念.

**定义 4**　设向量$\vec{a}$与$\vec{b}$的夹角为$\theta$，则称$|\vec{a}||\vec{b}|\cos\theta$为向量$\vec{a}$与$\vec{b}$的数量积，记为$\vec{a}\cdot\vec{b}$，即

$$\vec{a}\cdot\vec{b}=|\vec{a}||\vec{b}|\cos\theta. \tag{7}$$

数量积是一个实数，数量积也称内积或点积. 根据定义，数量积满足以下运算规律：

(1) $\vec{a}\cdot\vec{a}=|\vec{a}|^2$;

(2) $\vec{i}\cdot\vec{i}=\vec{j}\cdot\vec{j}=\vec{k}\cdot\vec{k}=1,\vec{i}\cdot\vec{j}=\vec{j}\cdot\vec{i}=\vec{i}\cdot\vec{k}=\vec{k}\cdot\vec{i}=\vec{k}\cdot\vec{j}=\vec{j}\cdot\vec{k}=0$;

(3) $\vec{a}\cdot\vec{b}=\vec{b}\cdot\vec{a}$(交换律)；

(4) $(\lambda\vec{a})\cdot\vec{b}=\lambda(\vec{a}\cdot\vec{b})=\vec{a}\cdot(\lambda\vec{b})$，其中 $\lambda$ 为实数(结合律)；

(5) $\vec{a}\cdot(\vec{b}+\vec{c})=\vec{a}\cdot\vec{b}+\vec{a}\cdot\vec{c}$(分配律).

**2. 用坐标计算数量积**

设向量$\vec{a}=\{x_1,y_1,z_1\},\vec{b}=\{x_2,y_2,z_2\}$，则

$\vec{a}\cdot\vec{b}=(x_1\vec{i}+y_1\vec{j}+z_1\vec{k})\cdot(x_2\vec{i}+y_2\vec{j}+z_2\vec{k})$

$$=x_1x_2\vec{i}\,\vec{i}+x_1y_2\vec{i}\,\vec{j}+x_1z_2\vec{i}\,\vec{k}+y_1x_2\vec{j}\,\vec{i}+y_1y_2\vec{j}\,\vec{j}+y_1z_2\vec{j}\,\vec{k}+z_1x_2\vec{k}\,\vec{i}+z_1y_2\vec{k}\,\vec{j}+z_1z_2\vec{k}\,\vec{k}$$

$$=x_1x_2+y_1y_2+z_1z_2,$$

故

$$\vec{a}\cdot\vec{b}=x_1x_2+y_1y_2+z_1z_2. \tag{8}$$

即两个向量的数量积等于它们对应坐标的乘积之和.

设非零向量 $\vec{a}=\{x_1,y_1,z_1\}$，$\vec{b}=\{x_2,y_2,z_2\}$之间的夹角为 $\theta$，则由式(7)和式(8)，可得下面结论：

(1) $$\cos\theta=\frac{\vec{a}\cdot\vec{b}}{|\vec{a}||\vec{b}|}=\frac{x_1x_2+y_1y_2+z_1z_2}{\sqrt{x_1^2+y_1^2+z_1^2}\sqrt{x_2^2+y_2^2+z_2^2}}; \tag{9}$$

(2) $\vec{a}\perp\vec{b}$ 的充分必要条件为

$$\vec{a}\cdot\vec{b}=x_1x_2+y_1y_2+z_1z_2=0. \tag{10}$$

**例 7** 已知向量 $\vec{a}=\{\sqrt{2},2,\sqrt{2}\}$，$\vec{b}=\{1,0,1\}$，求 $\vec{a}\cdot\vec{b}$ 及 $\vec{a}$ 与 $\vec{b}$ 的夹角 $\theta$.

**解** $\vec{a}\cdot\vec{b}=\sqrt{2}\times1+2\times0+\sqrt{2}\times1=2\sqrt{2}$,

$$\cos\theta=\frac{\vec{a}\cdot\vec{b}}{|\vec{a}||\vec{b}|}=\frac{2\sqrt{2}}{\sqrt{8}\times\sqrt{2}}=\frac{\sqrt{2}}{2},$$

于是 $\theta=\frac{\pi}{4}$.

**例 8** 一质点在力 $\vec{F}=3\vec{i}+2\vec{j}+5\vec{k}$(单位：N)的作用下由点 $P(-1,1,2)$移到点 $Q(3,-1,4)$(位移的单位：m)，求力 $\vec{F}$ 所做的功.

**解** 位移 $\vec{s}=\overrightarrow{PQ}=\{4,-2,2\}$，力$\vec{F}=\{3,2,5\}$，所以力 $\vec{F}$ 所做的功为

$$W=\vec{F}\cdot\vec{s}=3\times4+2\times(-2)+5\times2=18(\text{J}).$$

**例 9** 设液体流过平面 $S$ 上面积为 $A$ 的一个区域，液体在这个区域上各点处的流速均为(常向量)$\vec{v}$. 设 $\vec{n}$ 为垂直于 $S$ 的单位向量(见图 7.12)，计算单位时间内经过这个区域流向$\vec{n}$所指一侧的液体的质量 $m$(液体的密度为 $\rho$).

**解** 单位时间内流过这个区域的液体组成一个底面积为 $A$、斜高为$|\vec{v}|$的斜柱体(见图 7.13). 斜柱体的斜高与底面的垂线的夹角就是 $\vec{v}$ 与 $\vec{n}$ 的夹角 $\theta$，所以斜柱体的高为$|\vec{v}|\cos\theta$，体积为

$$A|\vec{v}|\cos\theta=A\vec{v}\cdot\vec{n}.$$

从而，单位时间内经过这个区域流向 $\vec{n}$所指一侧的液体的质量为

$$m=\rho A\vec{v}\cdot\vec{n}.$$

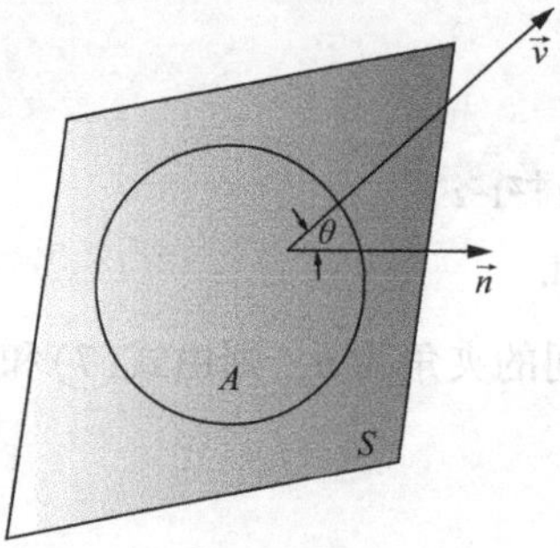

图 7.12

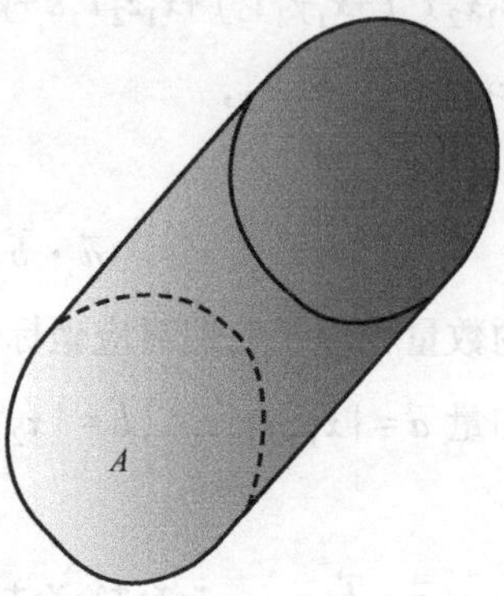

图 7.13

## 7.1.8　向量的向量积

### 1. 向量积的概念

如图 7.14 所示，设物体具有固定轴 $L$，外力 $\vec{F}$ 作用在物体上的点 $A$ 处，它与 $\overrightarrow{OA}$ 的夹角为 $\theta$，现在考察 $\vec{F}$ 所产生的力矩 $\vec{M}$. 由力学知识知，力矩 $\vec{M}$ 是一个向量，$\vec{M}$ 的模等于 $\vec{F}$ 的模与力臂 $|OB|$ 的乘积，即

$$|\vec{M}|=|\vec{F}||OB|=|\vec{F}||\overrightarrow{OA}|\sin\theta.$$

而 $\vec{M}$ 的方向垂直于向量 $\overrightarrow{OA}$ 和 $\vec{F}$ 所决定的平面，且按 $\overrightarrow{OA},\vec{F},\vec{M}$ 的次序构成右手系.

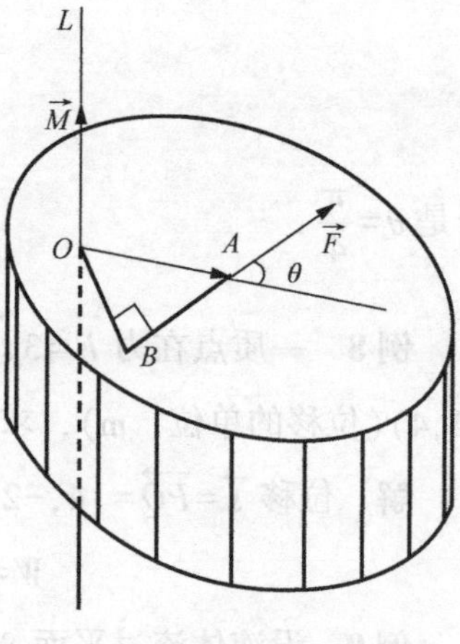

图 7.14

除去力矩问题和其他类似问题的物理背景，我们引入向量积的概念.

**定义 5**　设向量 $\vec{a}$ 与 $\vec{b}$ 的夹角为 $\theta$，规定向量 $\vec{c}$ 由以下条件决定：

(1) $|\vec{c}|=|\vec{a}||\vec{b}|\sin\theta$；

(2) $\vec{c}$ 的方向垂直于向量 $\vec{a}$ 与 $\vec{b}$ 所确定的平面，并且按 $\vec{a},\vec{b},\vec{a}\times\vec{b}$ 的次序构成右手系.

这样的向量 $\vec{c}$ 称为 $\vec{a}$ 与 $\vec{b}$ 的向量积，记作 $\vec{a}\times\vec{b}$，即 $\vec{a}\times\vec{b}=\vec{c}$.

向量积也称为矢量积或叉积. 当 $\vec{a}$ 或 $\vec{b}$ 为零向量时，规定 $\vec{a}\times\vec{b}=\vec{0}$.

由向量的定义可知，$\vec{a}\times\vec{b}=\vec{c}$ 的模 $|\vec{a}\times\vec{b}|=|\vec{a}||\vec{b}|\sin\theta$ 等于以 $\vec{a},\vec{b}$ 为邻边的平行四边形的面积.

根据定义，向量积满足以下运算规律：

(1) $\vec{a}\times\vec{a}=\vec{0}$；

(2) $\vec{i}\times\vec{i}=\vec{j}\times\vec{j}=\vec{k}\times\vec{k}=\vec{0},\vec{i}\times\vec{j}=\vec{k},\vec{j}\times\vec{k}=\vec{i},\vec{k}\times\vec{i}=\vec{j}$；

(3) 两个非零向量平行的充分必要条件是它们的向量积为零向量;

(4) $\vec{a}\times\vec{b}=-\vec{b}\times\vec{a}$(反交换律);

(5) $(\lambda\vec{a})\times\vec{b}=\lambda(\vec{a}\times\vec{b})=\vec{a}\times(\lambda\vec{b})$, 其中 $\lambda$ 为实数(结合律);

(6) $\vec{a}\times(\vec{b}+\vec{c})=\vec{a}\times\vec{b}+\vec{a}\times\vec{c}$(分配律).

**2. 用坐标计算向量积**

设向量 $\vec{a}=\{x_1,y_1,z_1\}$, $\vec{b}=\{x_2,y_2,z_2\}$, 则

$$\begin{aligned}\vec{a}\times\vec{b}&=(x_1\vec{i}+y_1\vec{j}+z_1\vec{k})\times(x_2\vec{i}+y_2\vec{j}+z_2\vec{k})\\&=(y_1z_2-z_1y_2)\vec{i}+(z_1x_2-x_1z_2)\vec{j}+(x_1y_2-y_1x_2)\vec{k}.\end{aligned}$$

为便于记忆, 将上式右端用三阶行列式表示, 得

$$\vec{a}\times\vec{b}=\begin{vmatrix}\vec{i}&\vec{j}&\vec{k}\\x_1&y_1&z_1\\x_2&y_2&z_2\end{vmatrix}=\begin{vmatrix}y_1&z_1\\y_2&z_2\end{vmatrix}\vec{i}-\begin{vmatrix}x_1&z_1\\x_2&z_2\end{vmatrix}\vec{j}+\begin{vmatrix}x_1&y_1\\x_2&y_2\end{vmatrix}\vec{k}.\tag{11}$$

通过向量积坐标表示的行列式记法, 我们可以感受到数学的对称美.

**例 10** 设 $\vec{a}=2\vec{i}-\vec{j}+\vec{k}$, $\vec{b}=\vec{i}+2\vec{j}-\vec{k}$, 求 $\vec{a}\times\vec{b}$.

**解** 由式(11)得

$$\vec{a}\times\vec{b}=\begin{vmatrix}\vec{i}&\vec{j}&\vec{k}\\2&-1&1\\1&2&-1\end{vmatrix}=-\vec{i}+3\vec{j}+5\vec{k}.$$

**例 11** 设三角形的顶点为 $A(1,-1,2)$, $B(3,2,1)$, $C(3,1,3)$, 求 $\triangle ABC$ 的面积.

**解** 由向量积的定义可知 $\triangle ABC$ 的面积

$$S=\frac{1}{2}|\overrightarrow{AB}\times\overrightarrow{AC}|.$$

因为 $\overrightarrow{AB}=\{2,3,-1\}$, $\overrightarrow{AC}=\{2,2,1\}$, 所以

$$\overrightarrow{AB}\times\overrightarrow{AC}=\begin{vmatrix}\vec{i}&\vec{j}&\vec{k}\\2&3&-1\\2&2&1\end{vmatrix}=5\vec{i}-4\vec{j}-2\vec{k},$$

于是 $\triangle ABC$ 的面积 $S=\frac{1}{2}|\overrightarrow{AB}\times\overrightarrow{AC}|=\frac{1}{2}\sqrt{5^2+(-4)^2+(-2)^2}=\frac{3}{2}\sqrt{5}$.

**例 12** 设刚体以等角速度 $\omega$ 绕 $l$ 轴旋转, 计算刚体上一点 $M$ 的线速度.

**解** 刚体绕 $l$ 轴旋转时, 我们可以用沿 $l$ 轴上的一个向量 $\vec{\omega}$ 来表示角速度, 它的大小等于角速度的大小, 它的方向由右手规则定出: 用右手握住 $l$ 轴, 当右手的 4 个手指的转向与刚体的旋转方向一致时, 大拇指的指向就是 $\vec{\omega}$ 的方向(见图 7.15).

设点 $M$ 到 $l$ 轴的距离为 $a$，再在 $l$ 轴上任取一点 $O$，作向量 $\vec{r}=\overrightarrow{OM}$，并以 $\theta$ 表示 $\vec{\omega}$ 与 $\vec{r}$ 的夹角，则

$$a=|\vec{r}|\sin\theta.$$

设点 $M$ 的线速度为 $\vec{v}$，由物理学上线速度与角速度间的关系可知，$\vec{v}$ 的大小为

$$|\vec{v}|=|\vec{\omega}|a=|\vec{\omega}||\vec{r}|\sin\theta,$$

$\vec{v}$ 的方向垂直于通过点 $M$ 与 $l$ 轴的平面，即 $\vec{v}$ 垂直于 $\vec{\omega}$ 和 $\vec{r}$. 又 $\vec{v}$ 的指向使 $\vec{\omega}$、$\vec{r}$、$\vec{v}$ 符合右手规则，因此有

$$\vec{v}=\vec{\omega}\times\vec{r}.$$

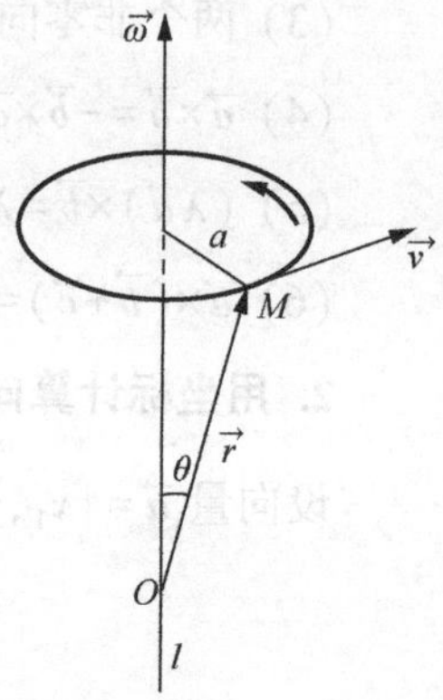

图 7.15

## 习题 7.1

1. 求出点 $A(1,2,-3)$ 与点 $B(3,4,1)$ 之间的距离.

2. 证明：以点 $A(-2,4,0)$, $B(1,2,-1)$, $C(-1,1,2)$ 为顶点的三角形为等边三角形.

3. 已知向量 $\vec{a}=\{3,5,-2\}$, $\vec{b}=\{2,1,3\}$，求 $2\vec{a}-4\vec{b}$.

4. 求下列各向量的模、方向余弦和方向角：

(1) $\vec{a}=2\vec{i}+2\vec{j}-\vec{k}$;　　(2) $\vec{b}=\vec{i}+\vec{j}+\vec{k}$.

5. 已知点 $A(-1,2,3)$, $B(5,-3,4)$, $C(2,1,6)$，求向量 $\overrightarrow{AB}$, $\overrightarrow{BC}$, $\overrightarrow{CA}$ 的坐标，并验证 $\overrightarrow{AB}+\overrightarrow{BC}+\overrightarrow{CA}=\vec{0}$.

6. 已知向量 $\vec{a}=2\vec{i}+3\vec{j}+4\vec{k}$ 的起点坐标为 $(1,-1,5)$，求向量 $\vec{a}$ 的终点坐标.

7. 已知力 $\vec{F}_1=2\vec{i}+2\vec{j}-\vec{k}$, $\vec{F}_2=3\vec{i}-\vec{j}+4\vec{k}$，求其合力 $\vec{F}$ 的大小和方向角.

8. 已知向量 $\vec{a}=\{2,-1,2\}$, $\vec{b}=\{4,3,1\}$，求 $\vec{a}\times\vec{b}$.

9. 三角形的顶点为 $A(2,-2,0)$, $B(-1,0,1)$, $C(1,1,2)$，求 $\triangle ABC$ 的面积.

10. 已知 $|\vec{a}|=10$, $\vec{b}=\{3,-1,\sqrt{15}\}$, $\vec{a}/\!/\vec{b}$，求 $\vec{a}$.

# 7.2 平面及空间直线的方程

### 学习目标

1. 掌握平面的点法式方程.
2. 掌握平面的一般式方程.
3. 掌握空间直线的点向式方程.
4. 掌握空间直线的参数式方程.

5. 掌握空间直线的一般式方程.

6. 掌握空间两直线的夹角.

### 7.2.1 平面的点法式方程

我们把与一平面垂直的任一直线称为此平面的法线.

设平面过给定点 $P_0(x_0,y_0,z_0)$，且垂直于向量 $\vec{n}=\{A,B,C\}$ ($A,B,C$ 不全为0).

设 $P(x,y,z)$ 是平面上任一点，如图 7.16 所示，则向量 $\overrightarrow{P_0P}$ 必垂直于向量 $\vec{n}=\{A,B,C\}$. 根据两向量垂直的条件得到 $\vec{n}\cdot\overrightarrow{P_0P}=0$. 而 $\overrightarrow{P_0P}=\{x-x_0,y-y_0,z-z_0\}$，于是平面上任一点 $P$ 的坐标 $(x,y,z)$ 必满足方程

$$A(x-x_0)+B(y-y_0)+C(z-z_0)=0. \qquad (1)$$

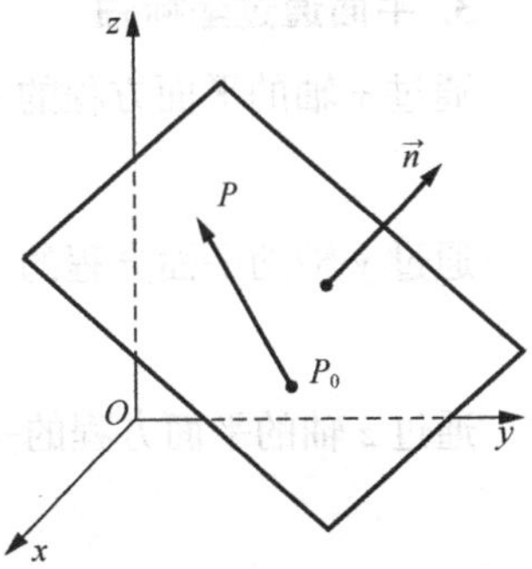


图 7.16

式(1)为过点 $P_0(x_0,y_0,z_0)$、法向量为 $\vec{n}=\{A,B,C\}$ 的平面的方程，称为平面的点法式方程.

**例 1** 设直线 $L$ 的方向数为 $\{3,-4,8\}$，求通过点 $(2,1,-4)$ 且垂直于直线 $L$ 的平面方程.

**解** 应用式(1)得所求的平面方程为

$$3(x-2)-4(y-1)+8(z+4)=0,$$

即

$$3x-4y+8z+30=0.$$

### 7.2.2 平面的一般式方程

把式(1)展开，得 $Ax+By+Cz+(-Ax_0-By_0-Cz_0)=0$，

令 $D=-Ax_0-By_0-Cz_0$，得

$$Ax+By+Cz+D=0. \qquad (2)$$

式(2)称为平面的一般式方程. 其中 $A,B,C$ 不全为0，是平面的法线的一组方向数.

几种特殊位置平面的方程如下.

**1. 平面通过原点**

通过原点的平面方程的一般形式为

$$Ax+By+Cz=0.$$

**2. 平面平行于坐标轴**

平行于 $x$ 轴的平面方程的一般形式为

$$By+Cz+D=0.$$

平行于 $y$ 轴的平面方程的一般形式为

$$Ax+Cz+D=0.$$

平行于 $z$ 轴的平面方程的一般形式为

$$Ax+By+D=0.$$

**3. 平面通过坐标轴**

通过 $x$ 轴的平面方程的一般形式为

$$By+Cz=0.$$

通过 $y$ 轴的平面方程的一般形式为

$$Ax+Cz=0.$$

通过 $z$ 轴的平面方程的一般形式为

$$Ax+By=0.$$

**4. 平面垂直于坐标轴**

垂直于 $x$ 轴、$y$ 轴、$z$ 轴的平面方程的一般形式分别为

$$Ax+D=0, By+D=0, Cz+D=0.$$

**例 2** 求过点 $P(4,-2,3)$ 且平行于平面 $3x-7z=12$ 的平面方程.

**解** 由题意知 $\vec{n}=\{3,0,-7\}$ 是平面 $3x-7z=12$ 的一个法向量，也是所求平面的一个法向量，所以根据平面的点法式方程，得所求平面方程为

$$3(x-4)+0(y+2)-7(z-3)=0,$$

即

$$3x-7z+9=0.$$

## 7.2.3 空间直线的点向式方程

如果一个非零向量 $\vec{s}$ 平行于直线 $L$，则称 $\vec{s}$ 为直线 $L$ 的方向向量.

过空间一点可以确定一条直线平行于已知直线，所求的一条直线可由其上一点和它的一个方向向量确定. 设 $P_0(x_0,y_0,z_0)$ 为直线 $L$ 上的点，$\vec{s}=\{l,m,n\}$ 为直线 $L$ 的一个方向向量.

设 $P(x,y,z)$ 是直线 $L$ 上任一点，如图 7.17 所示，则向量 $\overrightarrow{P_0P}=\{x-x_0,y-y_0,z-z_0\}$ 平行于向量 $\vec{s}=\{l,m,n\}$. 根据两向量平行，可得

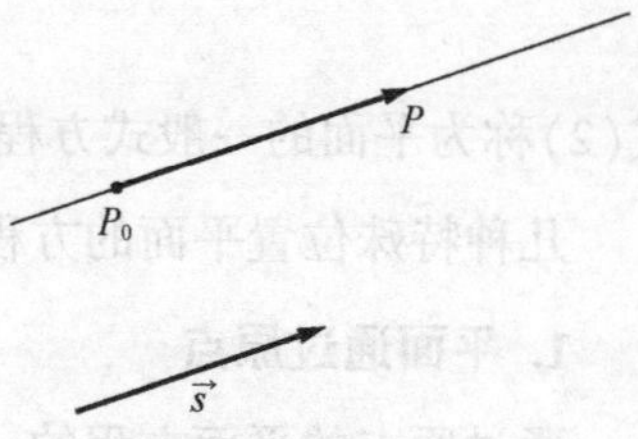


图 7.17

$$\frac{x-x_0}{l}=\frac{y-y_0}{m}=\frac{z-z_0}{n}. \quad (3)$$

式(3)就是直线 $L$ 的方程，称为**直线的点向式方程(或对称式方程)**.

式(3)中 $l,m,n$ 有一个或两个为零时，则约定对应分式的分子也为零. 例如，当 $l=0$ 时，$x-x_0=0$，这时，式(3)成为 $\begin{cases} x-x_0=0, \\ \dfrac{y-y_0}{m}=\dfrac{z-z_0}{n}. \end{cases}$

**例 3** 已知直线 $L$ 过点 $A(-2,4,-3)$ 和 $B(3,-1,1)$，求直线 $L$ 的方程.

**解** 由题意可知，$\overrightarrow{AB}=\{5,-5,4\}$ 是直线 $L$ 的一个方向向量，则直线 $L$ 的方程为

$$\frac{x+2}{5}=\frac{y-4}{-5}=\frac{z+3}{4}.$$

### 7.2.4 空间直线的参数式方程

由式(3)，令 $\dfrac{x-x_0}{l}=\dfrac{y-y_0}{m}=\dfrac{z-z_0}{n}=t$，得

$$\begin{cases} x=x_0+lt, \\ y=y_0+mt, \\ z=z_0+nt, \end{cases} \tag{4}$$

式(4)称为直线的参数式方程($t$ 为参数).

**例 4** 求过点 $M_0(1,-1,1)$ 且垂直于平面 $2x+y-3z+14=0$ 的直线 $L$ 的点向式方程和参数式方程.

**解** $\vec{s}=\{2,1,-3\}$ 是已知平面的一个法向量，也可以作为所求直线 $L$ 的一个方向向量. 直线 $L$ 的点向式方程为

$$\frac{x-1}{2}=\frac{y+1}{1}=\frac{z-1}{-3},$$

参数式方程为

$$\begin{cases} x=1+2t, \\ y=-1+t, \\ z=1-3t. \end{cases}$$

### 7.2.5 空间直线的一般式方程

设直线 $L$ 是两个相交平面 $A_1x+B_1y+C_1z+D_1=0$ 和 $A_2x+B_2y+C_2z+D_2=0$ 的交线，则直线 $L$ 的方程为

$$\begin{cases}A_1x+B_1y+C_1z+D_1=0,\\A_2x+B_2y+C_2z+D_2=0.\end{cases}\tag{5}$$

式(5)称为直线的一般式方程.

由立体几何知识知，两平面的交线 $L$ 与这两个平面的法向量$\overrightarrow{n_1},\overrightarrow{n_2}$都垂直，所以 $L$ 的方向向量为

$$\vec{s}=\overrightarrow{n_1}\times\overrightarrow{n_2}=\begin{vmatrix}\vec{i}&\vec{j}&\vec{k}\\A_1&B_1&C_1\\A_2&B_2&C_2\end{vmatrix}.$$

**例 5**　已知直线 $L$ 的一般式方程为$\begin{cases}x-2y-z+4=0,\\5x+y-2z+8=0,\end{cases}$求直线 $L$ 的点向式方程和参数式方程.

**解**　直线 $L$ 的方向向量为

$$\vec{s}=\overrightarrow{n_1}\times\overrightarrow{n_2}=\begin{vmatrix}\vec{i}&\vec{j}&\vec{k}\\1&-2&-1\\5&1&-2\end{vmatrix}=5\vec{i}-3\vec{j}+11\vec{k}.$$

在 $L$ 上任取一点，不妨取 $x=0$，代入方程组得$y_0=0,z_0=4$，则$P_0(0,0,4)$为 $L$ 上的一点，所以 $L$ 的点向式方程为

$$\frac{x}{5}=\frac{y}{-3}=\frac{z-4}{11},$$

参数式方程为

$$\begin{cases}x=5t,\\y=-3t,\\z=4+11t.\end{cases}$$

### 7.2.6　空间两直线的夹角

两直线方向向量的夹角(通常指锐角或直角)称为两直线的夹角.

设直线$L_1$和$L_2$的方向向量分别为$\overrightarrow{s_1}=\{l_1,m_1,n_1\}$和$\overrightarrow{s_2}=\{l_2,m_2,n_2\}$，则$L_1$和$L_2$的夹角 $\theta$ 的余弦为

$$\cos\theta=\frac{|\overrightarrow{s_1}\cdot\overrightarrow{s_2}|}{|\overrightarrow{s_1}|\cdot|\overrightarrow{s_2}|}=\frac{|l_1l_2+m_1m_2+n_1n_2|}{\sqrt{l_1^2+m_1^2+n_1^2}\cdot\sqrt{l_2^2+m_2^2+n_2^2}},\tag{6}$$

规定 $\theta\in\left[0,\frac{\pi}{2}\right]$.

**例 6** 已知直线$L_1$的方程为

$$\frac{x-3}{-3}=\frac{y+2}{-3}=\frac{z+1}{0},$$

$L_2$的方程为

$$\frac{x-1}{4}=\frac{y-1}{0}=\frac{z}{-4},$$

求这两条直线的夹角.

**解** 由式(6)可得

$$\cos\theta=\frac{|(-3)\times4+(-3)\times0+0\times(-4)|}{\sqrt{(-3)^2+(-3)^2+0^2}\cdot\sqrt{4^2+0^2+(-4)^2}}=\frac{1}{2},$$

所以 $\theta=\frac{\pi}{3}$.

我们通过理解平面及空间直线方程的建立过程，可以感受到科学是非常严谨的，我们应该努力学习科学知识为国家作贡献.

## 习题 7.2

1. 求过点(3,0,-1)且与平面 $3x-7y+5z-12=0$ 平行的平面方程.
2. 求过点 $P(3,0,-1)$ 且与线段 $OP$ 垂直的平面方程.
3. 写出过点(1,-2,4)且垂直于 $x$ 轴的平面方程.
4. 一平面过 3 点 $A(5,-7,4)$,$B(2,3,-1)$,$C(-1,0,2)$，求此平面方程.
5. 求通过 $z$ 轴和点 $A(-3,1,-2)$ 的平面方程.
6. 求过点(4,-1,3)且平行于直线$\frac{x-3}{2}=\frac{y}{1}=\frac{z-1}{5}$的直线方程.
7. 求过两点 $A(3,-2,1)$ 和 $B(-1,0,2)$ 的直线方程.
8. 求过点 $P(5,1,3)$ 且平行于向量$\vec{s}=\{1,4,-2\}$的直线方程.
9. 求过点 $P(2,0,1)$ 且垂直于平面 $x+3y-5z=0$ 的直线方程.
10. 已知直线 $L$ 的一般式方程为$\begin{cases}x-y+z-1=0,\\2x+y+z-4=0,\end{cases}$ 求直线 $L$ 的点向式方程和参数式方程.
11. 已知直线$L_1:\frac{x-3}{-3}=\frac{y+2}{-3}=\frac{z+1}{0}$和$L_2:\begin{cases}x=\frac{1}{3}-9t,\\y=1-3t,\\z=-\frac{1}{3}-15t,\end{cases}$ 确定这两条直线的位置关系.
12. 已知直线$L_1:\frac{x-1}{1}=\frac{y}{-4}=\frac{z+3}{1}$和$L_2:\frac{x}{2}=\frac{y+2}{-2}=\frac{z}{-1}$，求这两条直线的夹角.

# 7.3　曲面及空间曲线的方程

**学习目标**

1. 理解曲面方程的概念.
2. 会求球面方程.
3. 会求常见的柱面方程.
4. 会求常见的旋转曲面方程.
5. 了解空间曲线的概念.

## 7.3.1　曲面方程的概念

生活中有各种各样的曲面，如飞机的机翼、望远镜的镜片、篮球的球面等，为了从数量关系上研究这些曲面，我们需要研究曲面的方程.

若曲面上动点 $P$ 的坐标 $(x,y,z)$ 都满足方程 $F(x,y,z)=0$[或 $z=f(x,y)$]，而不在曲面上的点的坐标 $(x,y,z)$ 都不满足该方程，则称方程 $F(x,y,z)=0$[或 $z=f(x,y)$]为曲面的方程，曲面称为方程的图形.

空间解析几何中有关曲面的讨论主要有以下两点：

(1) 已知一曲面作为点的几何轨迹，建立这个曲面的方程；

(2) 已知方程 $F(x,y,z)=0$，研究这个方程所表示的曲面的形状.

## 7.3.2　常见的二次曲面及其方程

**1. 球面方程**

下面建立以点 $P_0(x_0,y_0,z_0)$ 为球心、以 $r$ 为半径的球面方程.

如图 7.18 所示，设 $P(x,y,z)$ 为球面上任一点，则 $|PP_0|=r$，由空间两点间距离公式得

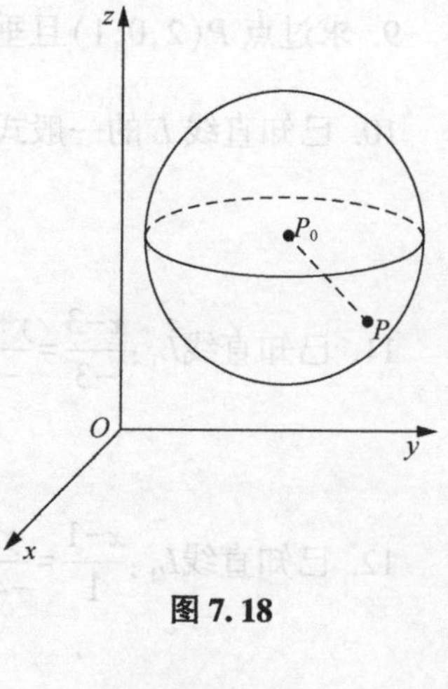

图 7.18

$$\sqrt{(x-x_0)^2+(y-y_0)^2+(z-z_0)^2}=r,$$

即

$$(x-x_0)^2+(y-y_0)^2+(z-z_0)^2=r^2. \qquad (1)$$

显然，球面上点的坐标满足方程(1)，不在球面上的点的坐标不满足方程(1). 所以方程(1)是满足已知条件的球面方程.

当$x_0=y_0=z_0=0$，即球心在原点时，半径为 $r$ 的球面方程为

$$x^2+y^2+z^2=r^2. \tag{2}$$

**例 1** 方程$x^2+y^2+z^2-2x+4y=0$ 表示怎样的曲面?

**解** 通过配方，原方程化为$(x-1)^2+(y+2)^2+z^2=5$，从而可知，原方程表示球心在点$P_0(1,-2,0)$、半径为$\sqrt{5}$的球面.

**2. 柱面方程**

如图 7.19 所示，设动直线 $L$ 沿一给定的曲线 $C$ 平行移动，这样由动直线 $L$ 所形成的曲面称为柱面，动直线 $L$ 称为柱面的母线，定曲线 $C$ 称为柱面的准线.

下面建立母线平行于 $z$ 轴、准线为坐标面 $xOy$ 上的曲线$f(x,y)=0$ 的柱面方程.

如图 7.20 所示，在柱面上任取一点 $P(x,y,z)$，点 $P$ 在坐标面 $xOy$ 上的投影点为 $Q(x,y,0)$. 由于点 $Q$ 在准线 $C$ 上，因此其坐标满足$f(x,y)=0$，即柱面上任一点 $P(x,y,z)$ 的坐标必满足方程$f(x,y)=0$. 反之，若点 $P(x,y,z)$ 的坐标满足方程 $f(x,y)=0$，则点 $Q(x,y,0)$ 的坐标也满足$f(x,y)=0$，即点 $Q$ 在准线 $C$ 上. 这就是说，点 $P(x,y,z)$ 在过点 $Q$ 且平行于 $z$ 轴的直线上，即在柱面上. 所以方程$f(x,y)=0$ 即为所求的柱面方程.

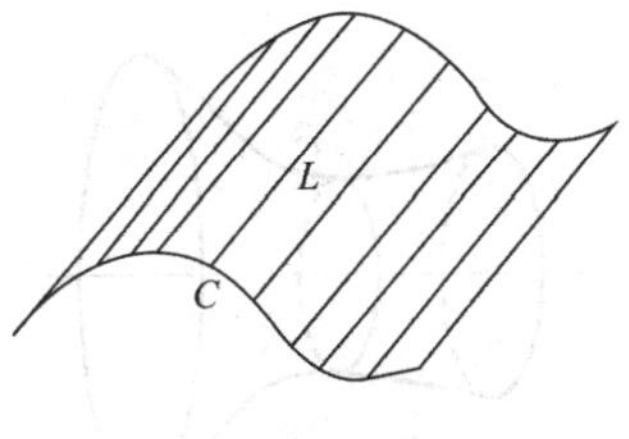


**图 7.19**

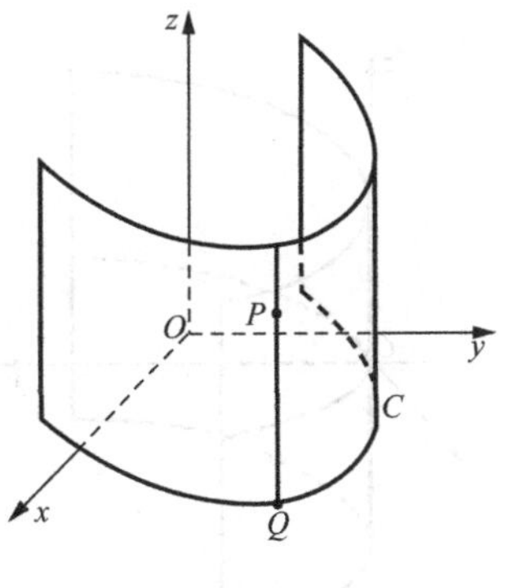


**图 7.20**

(1) 方程$f(x,y)=0$ 在空间表示以 $xOy$ 坐标面上的曲线为准线，以平行于 $z$ 轴的直线为母线的柱面;

(2) 方程$f(y,z)=0$ 在空间表示以 $yOz$ 坐标面上的曲线为准线，以平行于 $x$ 轴的直线为母线的柱面;

(3) 方程$f(z,x)=0$ 在空间表示以 $zOx$ 坐标面上的曲线为准线，以平行于 $y$ 轴的直线为母线的柱面.

例如，方程$x^2+y^2=1$ 在空间表示以 $xOy$ 坐标面上的圆为准线，以平行于 $z$ 轴的直线为母线的柱面，称为圆柱面(见图 7.21).

方程$x^2-y^2=1$ 在空间表示以 $xOy$ 坐标面上的双曲线为准线，以平行于 $z$ 轴的直线为母

线的柱面，称为双曲柱面(见图 7.22).

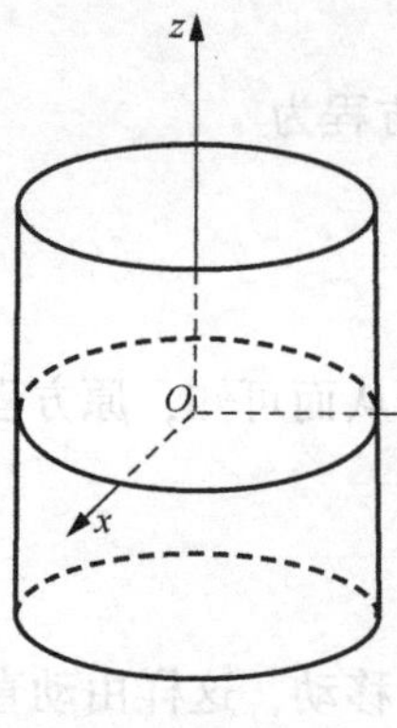


图 7.21

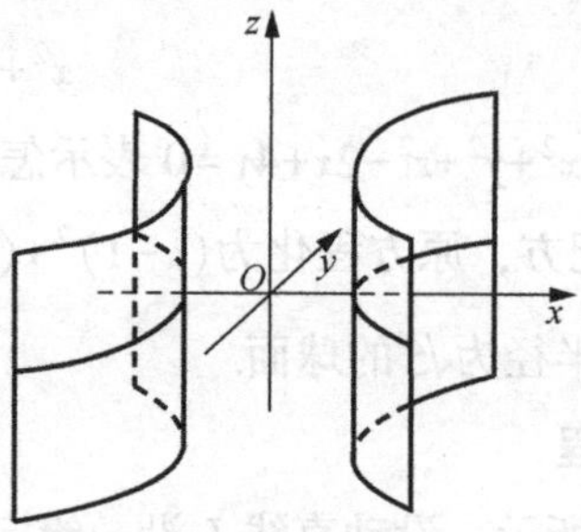


图 7.22

方程 $y=x^2$ 在空间表示以 $xOy$ 坐标面上的抛物线为准线，以平行于 $z$ 轴的直线为母线的柱面，称为抛物柱面(见图 7.23).

**3. 旋转曲面方程**

设 $L$ 是一条定直线，$C$ 是与直线 $L$ 在同一个平面内的一条曲线. $C$ 绕直线 $L$ 旋转一周所形成的曲面称为旋转曲面. 平面曲线 $C$ 称为旋转曲面的母线，直线 $L$ 称为旋转曲面的旋转轴(见图 7.24).

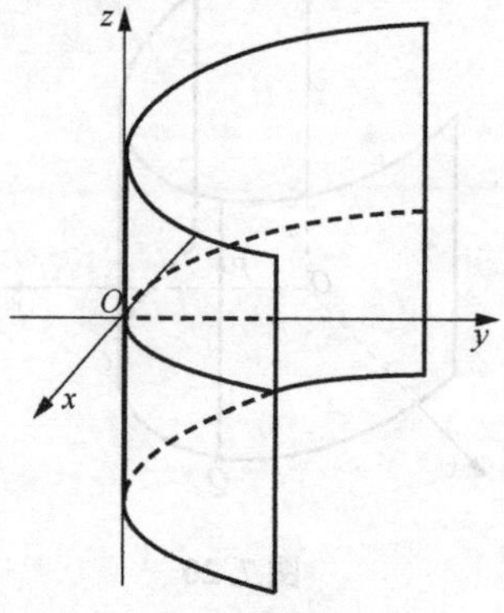


图 7.23

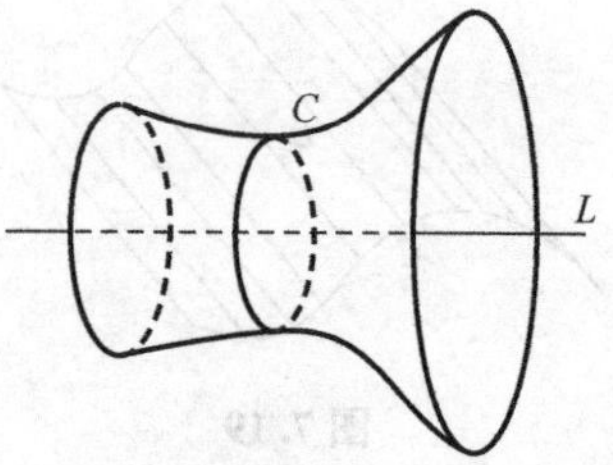


图 7.24

下面来建立 $z$ 轴为旋转轴，以坐标面 $yOz$ 上的曲线 $C$：$f(y,z)=0$ 为母线的旋转曲面的方程.

如图 7.25 所示，旋转曲面上任一点 $P(x,y,z)$ 是由母线 $C$ 上的点 $P_0(0,y_0,z)$ 绕 $z$ 轴旋转一周所得，于是有 $f(y_0,z)=0$. 而点 $P$ 与点 $P_0$ 到 $z$ 轴的距离相等，即

$$\sqrt{x^2+y^2}=|y_0| \text{或 } y_0=\pm\sqrt{x^2+y^2},$$

将上式代入 $f(y_0,z)=0$，得到点 $P$ 的坐标所满足的方程为

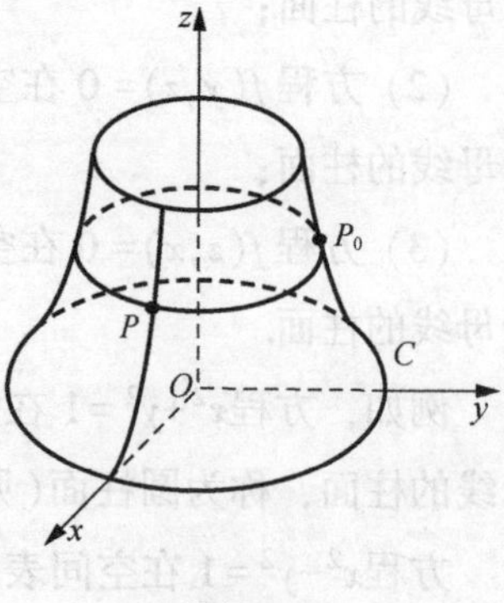


图 7.25

$$f(\pm\sqrt{x^2+y^2},z)=0. \tag{3}$$

式(3)即为所求的旋转曲面方程.

**注：** 求平面曲线 $f(y,z)=0$ 绕 $z$ 轴旋转所得旋转曲面的方程，只需将 $f(y,z)=0$ 中的 $y$ 换成 $\pm\sqrt{x^2+y^2}$，而 $z$ 保持不变，即得旋转曲面方程.

同理，曲线 $C$ 绕 $y$ 轴旋转所得旋转曲面的方程为

$$f(y,\pm\sqrt{x^2+z^2})=0. \tag{4}$$

类似可得曲线在 $xOy$ 和 $zOx$ 坐标面上的旋转曲面方程.

**例 2** 求 $yOz$ 坐标面上的直线 $z=ky$ 绕 $z$ 轴旋转所得旋转曲面的方程.

**解** 因为绕 $z$ 轴旋转，所以将直线 $z=ky$ 中的 $y$ 换成 $\pm\sqrt{x^2+y^2}$，得

$$z=\pm k\sqrt{x^2+y^2}\text{或}z^2=k^2(x^2+y^2).$$

其图形如图 7.26 所示，是顶点在坐标原点、旋转轴为 $z$ 轴的圆锥面.

圆锥面的特征：以平面 $z=h$ 截该曲面，当 $h=0$ 时，所得到的截痕曲线是原点；当 $h\neq 0$ 时，所得到的截痕曲线是圆.

**例 3** 求 $zOx$ 坐标面上的双曲线 $\frac{x^2}{a^2}-\frac{z^2}{c^2}=1$ 绕 $z$ 轴旋转所得旋转曲面的方程.

**解** 该双曲线绕 $z$ 轴旋转所得旋转曲面的方程为

$$\frac{x^2}{a^2}+\frac{y^2}{a^2}-\frac{z^2}{c^2}=1.$$

其图形如图 7.27 所示，是旋转单叶双曲面.

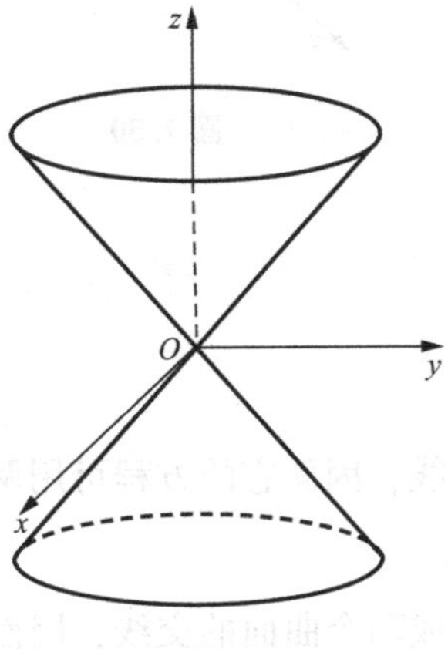


图 7.26

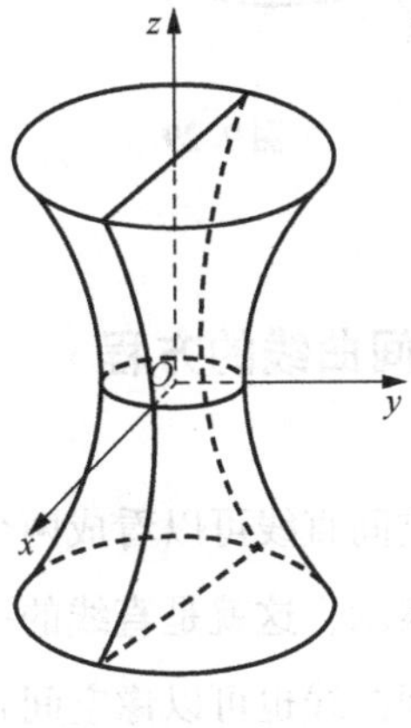


图 7.27

**例 4** 求 $yOz$ 坐标面上的双曲线 $-\frac{y^2}{b^2}+\frac{z^2}{c^2}=1$ 绕 $z$ 轴旋转所得旋转曲面的方程.

**解** 该双曲线绕 $z$ 轴旋转所得旋转曲面的方程为

$$-\frac{x^2}{b^2}-\frac{y^2}{b^2}+\frac{z^2}{c^2}=1.$$

其图形如图 7.28 所示，是旋转双叶双曲面.

除了以上常见的二次曲面外，还有以下二次曲面.

**4. 一般空间曲面方程**

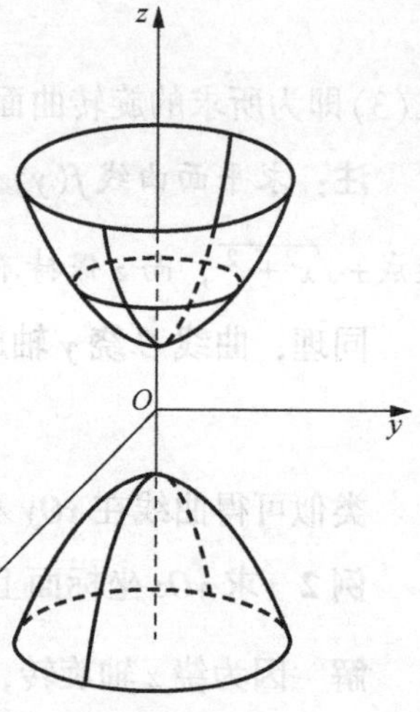


**图 7.28**

椭球面的方程为$\frac{x^2}{a^2}+\frac{y^2}{b^2}+\frac{z^2}{c^2}=1(a>0,b>0)$，当 $a,b,c$ 中有两个相等时，称为旋转椭球面；当 $a=b=c$ 时，为球心在原点的球面. 图形如图 7.29 所示.

椭圆抛物面的方程为 $z=\frac{x^2}{a^2}+\frac{y^2}{b^2}(a>0,b>0)$，$a=b$ 时称为旋转抛物面，图形如图 7.30 所示.

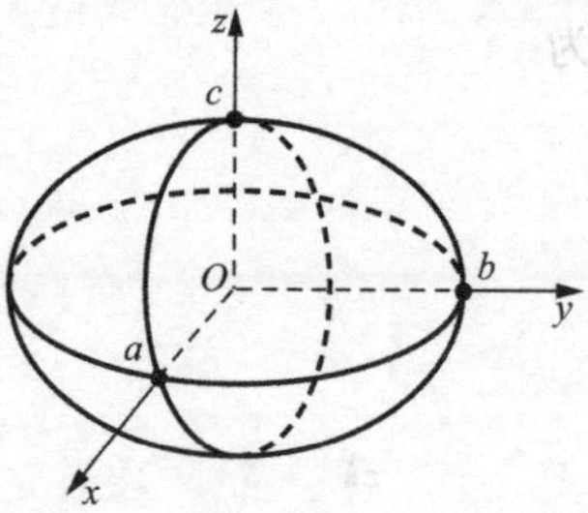


**图 7.29**

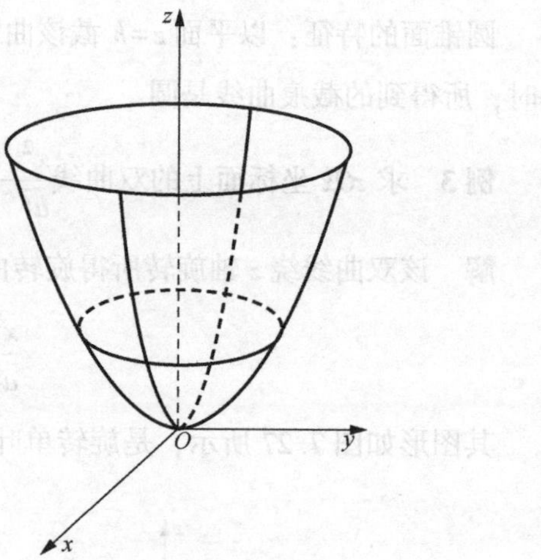


**图 7.30**

## 7.3.3　空间曲线的方程

我们知道，空间直线可以看成两个平面的交线，因而它的方程可用两相交平面的方程的联立方程组来表示，这就是直线的一般式方程.

一般地，空间曲线也可以像空间直线那样看成两个曲面的交线，因而空间曲线的方程就可由这两相交曲面方程的联立方程组来表示.

设有两个相交曲面，它们的方程是 $F(x,y,z)=0$ 和 $G(x,y,z)=0$，则交线的方程为

$$\begin{cases}F(x,y,z)=0,\\G(x,y,z)=0,\end{cases}\tag{5}$$

称为空间曲线的一般式方程.

例如，球面$x^2+y^2+z^2=81$和平面$z=4$的交线为圆，方程为

$$\begin{cases}x^2+y^2+z^2=81,\\z=4.\end{cases}$$

如同平面曲线可以用参数方程表示一样，空间曲线也可以用参数方程表示. 空间曲线$C$上的任意一点的直角坐标$x,y,z$可以表示为

$$\begin{cases}x=x(t),\\y=y(t),\\z=z(t),\end{cases}\tag{6}$$

式(6)称为空间曲线$C$的参数方程.

**例 5** （1）方程组$\begin{cases}x^2+4y^2+5z^2=36,\\y=2\end{cases}$表示什么曲线？

（2）用参数方程表示式(1)中方程组所表示的曲线.

**解** （1）将$y=2$代入方程$x^2+4y^2+5z^2=36$，则原方程组变为

$$\begin{cases}\dfrac{x^2}{20}+\dfrac{z^2}{4}=1,\\y=2.\end{cases}$$

因此，原方程组表示的曲线是椭圆.

（2）令$x=2\sqrt{5}\cos t,z=2\sin t$，则曲线的参数方程为

$$\begin{cases}x=2\sqrt{5}\cos t,\\y=2,\\z=2\sin t.\end{cases}$$

## 习题 7.3

1. 求出球心在点$(-1,-3,2)$处，且通过点$(1,-1,1)$的球面的方程.
2. 已知球面过点$(0,2,2)$和$(4,0,0)$，球心在$y$轴上，求此球面方程.
3. 求出下列球面方程的球心和半径：

（1）$x^2+y^2+z^2-6z-7=0$;

（2）$36x^2+36y^2+36z^2-72x-36y+24z+13=0$.

4. 方程$x^2+y^2+z^2-2x+4y+2z=0$表示什么曲面？
5. 求$zOx$坐标面上的抛物线$z^2=2x$绕$x$轴旋转一周所形成的旋转曲面的方程.
6. 求$zOx$坐标面上的圆$x^2+z^2=9$绕$x$轴旋转一周所形成的旋转曲面的方程.

7. 求 $xOy$ 坐标面上的双曲线 $4x^2-9y^2=36$ 绕 $y$ 轴旋转一周所形成的旋转曲面的方程.

8. 指出下列方程在平面解析几何与空间解析几何中分别表示什么图形：

（1）$z=1$；（2）$y=x$；（3）$x^2+\frac{y^2}{4}=1$.

9. 方程组 $\begin{cases}x^2+y^2+z^2=25,\\ z=3\end{cases}$ 表示什么曲线？

# 7.4 MATLAB 在空间解析几何中的应用

**学习目标**

1. 会利用 MATLAB 绘制二维图形.
2. 会利用 MATLAB 绘制三维曲线.
3. 会利用 MATLAB 绘制三维曲面.
4. 会利用 MATLAB 绘制三维球面和柱面.

## 7.4.1 运用 MATLAB 绘制二维图形

在 MATLAB 中，用于绘制二维图形的命令如表 7.1 所示，利用它可以绘制出不同的二维曲线.

**表 7.1 MATLAB 中用于绘制二维图形的命令**

| 命令 | 意义 |
|---|---|
| plot(x,y) | “x”和“y”为长度相同的向量，分别用于存储 $x$ 坐标和 $y$ 坐标数据 |

**例 1** 在 $[0,2\pi]$ 内绘制曲线 $y=\sin x$.

**命令**

```
x=0:pi/100:2*pi;
y=sin(x);
plot(x,y)
```

运行结果如图 7.31 所示.

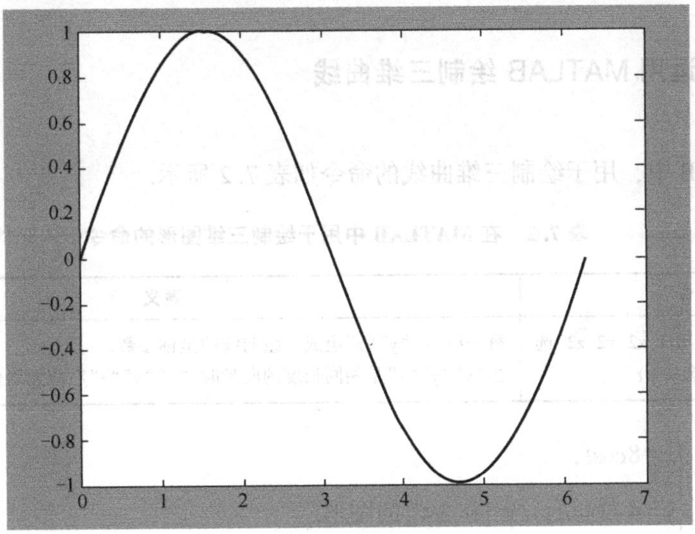


图 7.31

**例 2** 绘制曲线 $\begin{cases} x = t\cos 3t, \\ y = t\sin^2 t, \end{cases}$ $t \in [-\pi, \pi]$.

**命令**

```
t=-pi:pi/100:pi;
x=t.*cos(3*t);
y=t.*sin(t).*sin(t);
plot(x,y)
```

运行结果如图 7.32 所示.

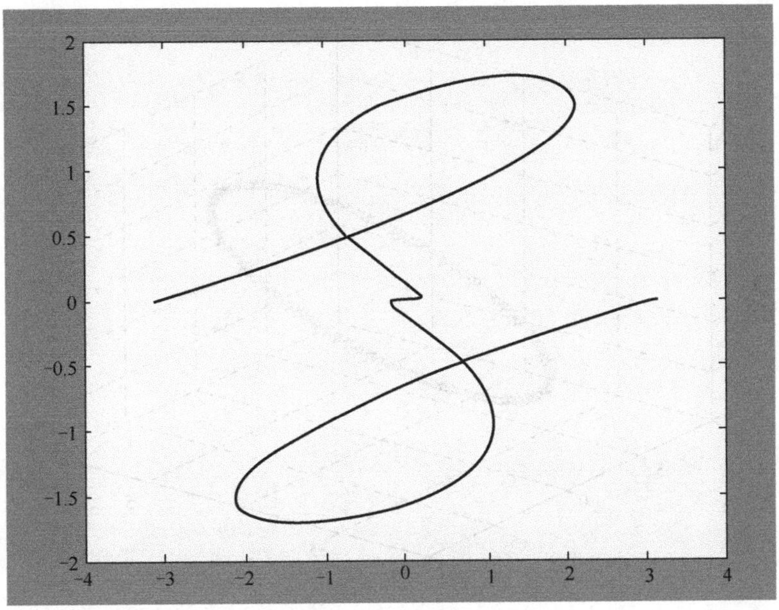


图 7.32

### 7.4.2 运用 MATLAB 绘制三维曲线

在 MATLAB 中，用于绘制三维曲线的命令如表 7.2 所示.

**表 7.2 在 MATLAB 中用于绘制三维图形的命令**

| 命令 | 意义 |
|---|---|
| plot3(x1,y1,z1,选项 1,x2,y2,z2,选项 2,…xn,yn,zn,选项 n) | 每一组"x""y""z"组成一组曲线的坐标参数.<br>当"x""y""z"是相同长度的向量时,"x""y""z"对应元素构成一条三维曲线 |

**例 3** 绘制$\begin{cases} x=8\cos t, \\ y=4\sqrt{2}\sin t, \\ z=-4\sqrt{2}\sin t, \end{cases}$ $t\in[0,2\pi]$的图形.

**命令**

```
t=0:pi/50:2*pi;
x=8*cos(t);
y=4*sqrt(2)*sin(t);
z=-4*sqrt(2)*sin(t);
plot3(x,y,z,'p')
xlabel('x'),ylabel('y'),zlabel('z')
```

运行结果如图 7.33 所示.

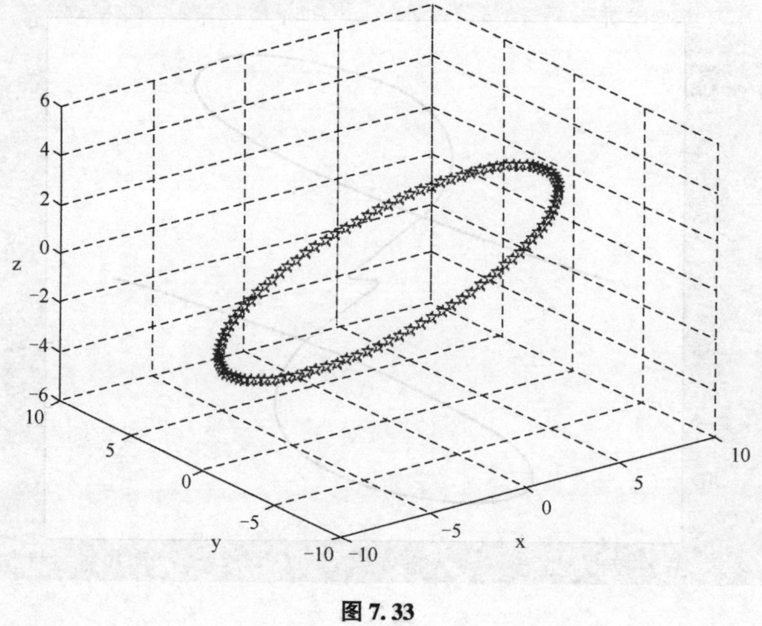


**图 7.33**

### 7.4.3 运用 MATLAB 绘制三维曲面

MATLAB 提供了表 7.3 所示命令用来绘制三维曲面. “mesh(x,y,z,c)”命令用于绘制三维网格图. 在不需要绘制特别精细的三维曲面时，可以通过三维网格图来表示三维曲面. “surf(x,y,z,c)”命令用于绘制三维曲面，各线条之间的曲面用颜色填充.

**表 7.3　MATLAB 中用于绘制三维曲面的命令**

| 命令 | 意义 |
|---|---|
| mesh(x,y,z,c) | “x”“y”“z”是同型矩阵.“x”“y”是网格坐标矩阵,“z”是网格点上的高度矩阵 |
| surf(x,y,z,c) | “x”“y”“z”是同型矩阵.“x”“y”是网格坐标矩阵,“z”是网格点上的高度矩阵 |

**说明**：一般情况下，“c”称为色标矩阵，用于指定曲面的颜色. 在默认情况下，系统根据“c”中元素大小的比例关系，把色标数据变换成色图矩阵中对应的颜色. “c”省略时，MATLAB 认为“c=z”，即颜色的设定正比于图形的高度，这样就可以得出层次分明的三维图形. 当“x”“y”省略时，把“z”矩阵的列下标当作 $x$ 轴的坐标，把“z”矩阵的行下标当作 $y$ 轴的坐标，然后绘制三维曲面. 当“x”“y”是向量时，要求“x”的长度等于“z”矩阵的列数，“y”的长度等于“z”矩阵的行数，“x”“y”向量元素的组合构成网格点的 $x,y$ 坐标，$z$ 坐标则取自“z”矩阵，然后绘制三维曲面.

**例 4**　绘制三维曲面 $z=\sin y\cos x$.

**解**　为了便于分析各种三维曲面的特征，下面画出 2 种不同形式的曲面.

**命令 1**

```
x=0:0.1:2*pi;
[x,y]=meshgrid(x);
z=sin(y).*cos(x);
mesh(x,y,z);
xlabel('x-axis'),ylabel('y-axis'),zlabel('z-axis');
title('mesh');
```

**命令 2**

```
x=0:0.1:2*pi;
[x,y]=meshgrid(x);
z=sin(y).*cos(x);
surf(x,y,z);
xlabel('x-axis'),ylabel('y-axis'),zlabel('z-axis');
title('surf');
```

运行结果如图 7.34 和图 7.35 所示.

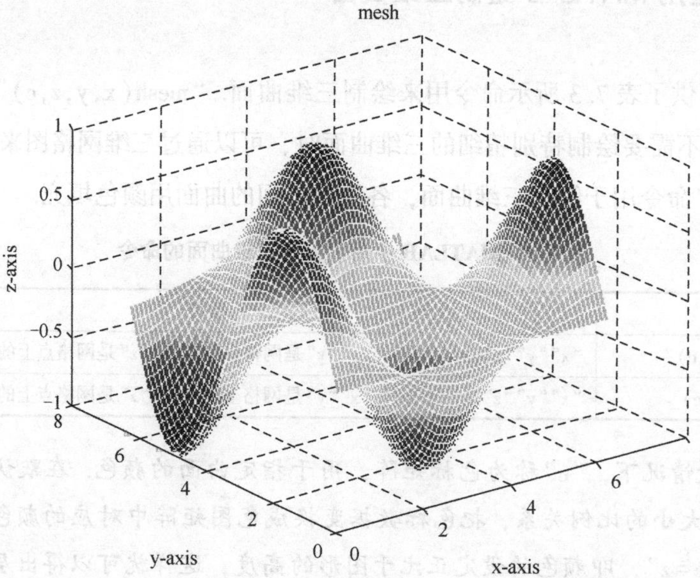


**图 7.34**

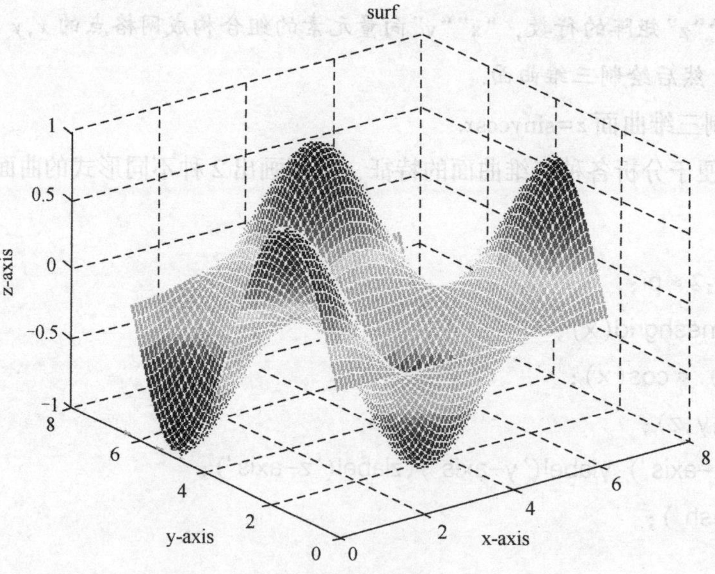


**图 7.35**

### 7.4.4　运用 MATLAB 绘制三维球面和柱面

MATLAB 还提供了绘制三维球面和柱面的命令，如表 7.4 所示.

表 7.4 MATLAB 中用于绘制三维球面和柱面的命令

| 命令 | 意义 |
| --- | --- |
| [x,y,z]=sphere(n) | 将产生(n+1)×(n+1)的矩阵“x”“y”“z”采用这 3 个矩阵可以绘制出圆心位于原点、半径为 1 的单位球体 |
| [x,y,z]=cylinder(R,n) | “R”是一个向量,存放柱面各个等间隔高度上的半径,“n”表示在圆柱圆周上有 $n$ 个间隔点，默认有 20 个间隔点 |

**例 5** 绘制球心在原点、半径为 1 的球.

**命令**

```
[x,y,z]=sphere
surf(x,y,z)
```

运行结果如图 7.36 所示.

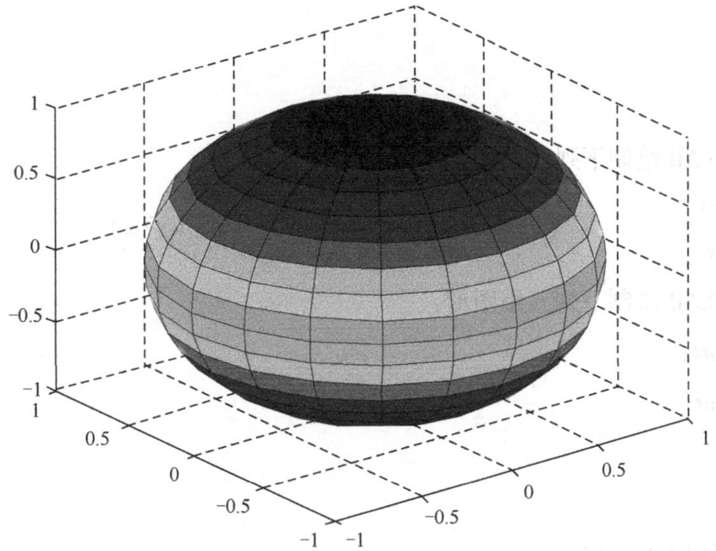


图 7.36

**例 6** 绘制一个圆柱体.

**命令**

```
[x,y,z]=cylinder(3)
surf(x,y,z)
```

运行结果如图 7.37 所示.

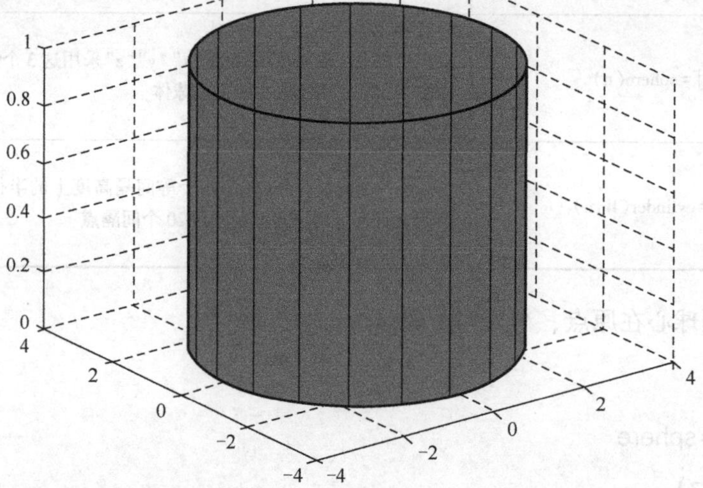


图 7.37

## 习题 7.4

1. 用 MATLAB 绘制下列曲线：

（1）$y=\dfrac{100}{1+x^2}$；　　（2）$y=\dfrac{1}{2\pi}e^{-\frac{x^2}{2}}$；　　（3）$x^2+y^2=1$.

2. 用 MATLAB 绘制下列三维图形：

（1）$\begin{cases}x=\cos t,\\y=\sin t,\\z=t;\end{cases}$

（2）$z=5$；

（3）半径为 10 的球面.

# 复习题七

一、判断题.

1. 点$(0,0,2)$在球面 $x^2+y^2+z^2-2z=0$ 上.　　（　　）

2. 向量 $\vec{a}=2\vec{i}+\vec{j}-2\vec{k}$ 与向量 $\vec{b}=-2\vec{i}+\vec{j}+2\vec{k}$ 平行.　　（　　）

3. 直线$\frac{x-1}{3}=\frac{y+1}{-1}=\frac{z-2}{1}$与平面 $x+2y-z+3=0$ 平行. ( )

4. 点(3,0,5)在空间直角坐标系的第一卦限内. ( )

5. 向量 $\vec{a}=\vec{i}-\vec{j}$ 的负向量是$-\vec{a}=-\vec{i}+\vec{j}$. ( )

6. 平面 $x+2y+3=0$ 与 $z$ 轴垂直. ( )

二、填空题.

1. 向量 $\vec{a}=2\vec{i}+\vec{j}-2\vec{k}$ 与向量 $\vec{b}=-2\vec{i}-\vec{j}+m\vec{k}$ 平行的条件是 $m=$__________.

2. 已知点 $M_1(1,0,2)$, $M_2(0,2,0)$，则线段 $M_1M_2$ 的垂直平分面方程为__________.

3. 过点 $P(-1,-2,3)$ 且与直线 $L_1:\frac{x-2}{3}=\frac{y}{-4}=\frac{z-5}{6}$ 和 $L_2:\frac{x}{1}=\frac{y+2}{2}=\frac{z-3}{-8}$ 平行的平面方程为__________.

4. 直线$\begin{cases}x+y+z-4=0,\\x-y-z+2=0\end{cases}$与直线$\begin{cases}x-2y-z-1=0,\\x-y-2z=0\end{cases}$的位置关系为__________.

5. 已知向量 $\vec{a}=-2\vec{i}+3\vec{j}-\vec{k}$ 与向量 $\vec{b}=m\vec{i}-2\vec{k}$ 垂直，则 $m=$__________.

6. 已知直线$\frac{x-1}{m}=\frac{y+3}{2}=\frac{z-5}{-1}$与平面 $x-2y+3z=0$ 平行，则 $m=$__________.

7. 以 $\alpha=\frac{\pi}{3},\beta=\frac{\pi}{3},\gamma=\frac{\pi}{4}$ 为方向角的单位向量为__________.

8. 设平面 $\Pi$ 过点(1,0,−1)，且与平面 $4x-y+2z-8=0$ 平行，则平面方程为__________.

9. 设已知两点 $A(4,0,5)$ 和 $B(7,1,3)$，方向和$\overrightarrow{AB}$一致的单位向量为__________.

10. 已知 $\vec{a}=(2,1,2)$, $\vec{b}=(4,-1,10)$, $\vec{c}=\vec{b}-\lambda\vec{a}$，且 $\vec{a}\perp\vec{c}$，则 $\lambda=$__________.

三、选择题.

1. 设有单位向量 $\vec{a}$，它同时与 $\vec{b}=3\vec{i}+\vec{j}+4\vec{k}$ 和 $\vec{c}=\vec{i}+\vec{k}$ 垂直，则 $\vec{a}=$( ).

A. $\frac{1}{\sqrt{3}}\vec{i}+\frac{1}{\sqrt{3}}\vec{j}-\frac{1}{\sqrt{3}}\vec{k}$　　B. $\vec{i}+\vec{j}-\vec{k}$

C. $\frac{1}{\sqrt{3}}\vec{i}+\frac{1}{\sqrt{3}}\vec{j}+\frac{1}{\sqrt{3}}\vec{k}$　　D. $\vec{i}-\vec{j}+\vec{k}$

2. 球面方程 $x^2+y^2+z^2+2x-2y=0$ 的球心 $M_0$ 及半径 $R$ 分别为( ).

A. $M_0(1,-1,0)$, $R=\sqrt{2}$　　B. $M_0(1,-1,0)$, $R=2$

C. $M_0(-1,1,0)$, $R=\sqrt{2}$　　D. $M_0(-1,1,0)$, $R=2$

3. 已知平面 $\Pi_1:3x-5y+kz-3=0$ 垂直于平面 $\Pi_2:x+3y+2z+5=0$，则 $k=$( ).

A. −6　　B. 4　　C. −4　　D. 6

4. 设 $\vec{a}=\{-1,1,2\}$, $\vec{b}=\{2,0,1\}$，则向量 $\vec{a}$ 与 $\vec{b}$ 的夹角是( ).

A. 0　　B. $\frac{\pi}{6}$　　C. $\frac{\pi}{4}$　　D. $\frac{\pi}{2}$

5. 平面 $\Pi: x+2y-z+3=0$ 与空间直线 $L: \frac{x-1}{3}=\frac{y+1}{-1}=\frac{z-2}{-1}$ 的位置关系是(　　).

A. 相交　　B. 垂直

C. 平行　　D. 重合

6. 设 $\vec{a}=3\vec{i}-\vec{k}, \vec{b}=2\vec{i}-3\vec{j}+2\vec{k}$，则 $\vec{a}\times\vec{b}=$(　　).

A. $-3\vec{i}-8\vec{j}-9\vec{k}$　　B. $-\vec{i}-8\vec{j}+9\vec{k}$

C. $-3\vec{i}-9\vec{k}$　　D. $-3\vec{i}+\vec{j}+\vec{k}$

7. 设 $\vec{a}=(2,1,m), \vec{b}=(n,-2,3)$，且 $\vec{a}\,/\!/\,\vec{b}$，则 $m, n$ 的值分别为(　　).

A. $m=-1, n=-3$　　B. $m=1, n=4$

C. $m=-\frac{3}{2}, n=-4$　　D. $m=\frac{3}{7}, n=2$

8. 已知点 $A(2,2,\sqrt{2}), B(1,3,0)$，则向量 $\overrightarrow{AB}$ 的模和方向角分别为(　　).

A. $2, \left(\frac{2\pi}{3}, \frac{\pi}{3}, \frac{\pi}{4}\right)$　　B. $1, \left(\frac{2\pi}{3}, \frac{\pi}{3}, \frac{3\pi}{4}\right)$

C. $2, \left(\frac{2\pi}{3}, \frac{\pi}{3}, \frac{3\pi}{4}\right)$　　D. $1, \left(\frac{2\pi}{3}, \frac{\pi}{3}, \frac{\pi}{4}\right)$

9. 下列各平面中，与平面 $2x+y-z=6$ 垂直的是(　　).

A. $x+4y-z=1$　　B. $x+y-z=12$

C. $\frac{x}{2}-\frac{y}{2}-\frac{z}{3}=1$　　D. $-x+y-z=1$

10. 直线 $L_1: x-5=\frac{y-1}{-2}=z-3$ 与直线 $L_2: \begin{cases} x-y=1, \\ 2y+z=1 \end{cases}$ 的夹角是(　　).

A. $\frac{\pi}{2}$　　B. $\frac{\pi}{3}$

C. $\frac{\pi}{4}$　　D. $\frac{\pi}{6}$

四、解答题.

1. 求过点 $A(1,1,-1), B(-2,-2,2), C(1,-1,2)$ 的平面方程.

2. 求过点 $M(3,-2,1)$ 和 $N(-1,0,2)$ 的直线方程.

3. 已知向量 $\vec{a}$ 与 $x$ 轴的夹角是 $\frac{\pi}{4}$，与 $z$ 轴的夹角是 $\frac{\pi}{3}$，且 $|\vec{a}|=8$，求 $\vec{a}$ 的坐标.

4. 一平面过点 $(1,0,-1)$ 且平行于 $\vec{a}=(2,1,1)$ 和 $\vec{b}=(1,-1,0)$，求此平面的方程.

5. 求过点 $M(1,-1,0)$ 和 $N(2,2,4)$，且与平面 $\Pi: x+y-z=0$ 垂直的平面方程.

6. 设 $\vec{m}=2\vec{a}+\vec{b}$, $\vec{n}=k\vec{a}+\vec{b}$，$|\vec{a}|=1$，$|\vec{b}|=2$，且 $\vec{a}\perp\vec{b}$，问：

(1) $k$ 为何值时，$\vec{m}\perp\vec{n}$；

(2) $k$ 为何值时，以 $\vec{m}$，$\vec{n}$ 为邻边的平行四边形的面积为 6.

7. 求通过两平面 $2x+y-4=0$ 与 $y+2z=0$ 的交线及点 $M_0(2,-1,-1)$ 的平面方程.

8. 已知 $\triangle ABC$ 的 3 个顶点的坐标分别为 $A(1,2,3)$, $B(3,4,5)$, $C(2,4,7)$，求 $\triangle ABC$ 所在的平面方程.

# 第 8 章　多元函数微积分学

## 8.1　多元函数的基本概念

**学习目标**

1. 理解二元函数的定义.
2. 会求函数的定义域和函数值.
3. 理解二元函数的几何意义.
4. 掌握二元函数的极限.
5. 了解二元函数的连续性.

### 8.1.1　多元函数的概念

前面所学的函数的自变量都是一个，但是在实际问题中，所涉及的函数的自变量往往是两个，甚至更多.

**例 1**　圆柱体的体积 $V$ 与底面圆半径 $r$ 和高 $h$ 之间的关系式为

$$V=\frac{1}{3}\pi r^2 h,$$

$V,r,h$ 是 3 个变量. 当变量 $r,h$ 在一定范围内($r>0,h>0$)取定一对数值时，根据给定的关系式，有唯一确定的 $V$ 与之对应.

**例 2**　长方体的体积 $V$ 与它的长 $x$、宽 $y$、高 $z$ 之间的关系式为

$$V=xyz,$$

$V,x,y,z$ 是 4 个变量. 当变量 $x,y,z$ 在一定范围内($x>0,y>0,z>0$)取定一组数值时，根据给定的关系式，有唯一确定的 $V$ 与之对应.

我们先以两个独立的变量为基础，给出二元函数的定义.

**定义 1**　设有 3 个变量 $x,y,z$. 如果变量 $x,y$ 在一定范围内任意取定一对数值时，变量 $z$ 按照一定的规律 $f$ 总有唯一确定的 $z$ 与之对应，则称 $z$ 是 $x,y$ 的二元函数，记为

$$z=f(x,y),$$

其中 $x$ 与 $y$ 称为自变量，$z$ 称为因变量. 自变量 $x$ 与 $y$ 的取值范围称为函数的定义域.

$f(x_0,y_0)$ 为二元函数在点 $(x_0,y_0)$ 处的函数值.

**例 3** 设 $z=f(x,y)=x^2+y^2$，求 $f(2,2)$.

**解** $f(2,2)=2^2+2^2=8.$

类似地，可以定义三元函数 $u=f(x,y,z)$，$n$ 元函数 $u=f(x_1,x_2,\cdots,x_n)$，多于一个自变量的函数统称为多元函数. 例如，例 1 和例 3 中的函数是二元函数，例 2 中的函数是三元函数.

多元函数多了自变量之后，量变会引起质变，使多元函数的概念与一元函数的概念有本质的区别. 这给我们的启示：量的积累会实现质的飞跃，学习就是一个不断积累的过程.

### 8.1.2 二元函数的定义域

我们知道一元函数的定义域一般来说是一个或几个区间. 二元函数的定义域通常是由平面上一条或几段光滑曲线所围成的连通的部分平面. 这样的部分在平面内称为区域. 围成区域的曲线称为区域的边界，边界上的点称为边界点，包括边界在内的区域称为闭域，不包括边界在内的区域称为开域.

如果一个区域 $D$(开域或闭域)中任意两点之间的距离都不超过某一常数 $M$，则称 $D$ 为有界区域；否则称 $D$ 为无界区域.

**例 4** 求下列函数的定义域，并画出定义域的图形：

(1) 函数 $z=\ln(a^2-x^2-y^2)$；

(2) 函数 $z=\sqrt{x^2+y^2-1}+\dfrac{1}{\sqrt{36-4x^2-9y^2}}$.

**解** (1) 当 $a^2-x^2-y^2>0$，即 $x^2+y^2<a^2$ 时，表达式有意义，所以函数的定义域为 $D:x^2+y^2<a^2$，如图 8.1 所示.

(2) 要使函数 $z=\sqrt{x^2+y^2-1}+\dfrac{1}{\sqrt{36-4x^2-9y^2}}$ 有意义，应有

$$x^2+y^2-1\geqslant0 \text{ 且 } 36-4x^2-9y^2>0.$$

第一个不等式即 $x^2+y^2\geqslant1$，表示以原点为圆心的单位圆的圆周及圆外的点的全体，记为 $D_1$. 第二个不等式即 $\dfrac{x^2}{9}+\dfrac{y^2}{4}<1$，它表示椭圆 $\dfrac{x^2}{9}+\dfrac{y^2}{4}=1$ 的内部，记为 $D_2$. 同时满足这两个不等式的点的全体即为 $D_1$ 与 $D_2$ 的交集 $D$，它是所求的定义域，如图 8.2 所示.

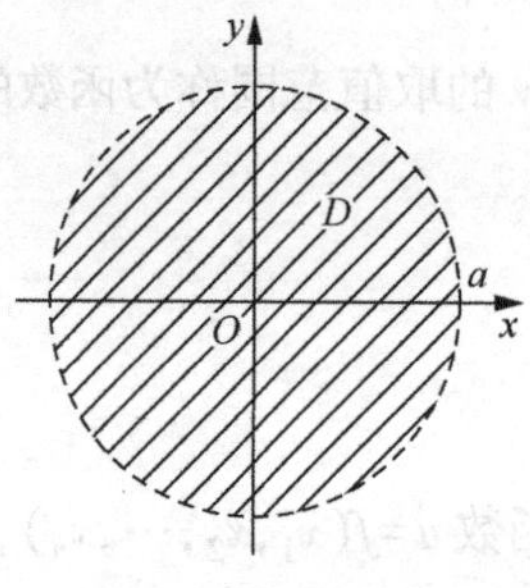


图 8.1

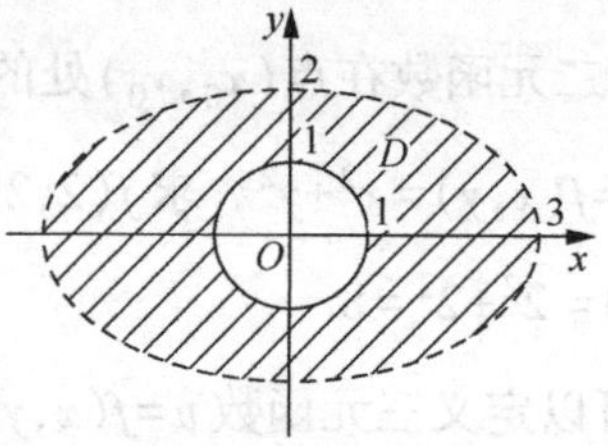


图 8.2

## 8.1.3　二元函数的几何意义

设二元函数 $z=f(x,y)$ 的定义域为 $xOy$ 平面上的某个区域 $D$. 区域 $D$ 上的任意一点 $P(x,y)$ 和它所对应的函数值 $z=f(x,y)$ 组成的有序数组 $(x,y,z)$ 确定了空间一点 $Q(x,y,z)$. 当点 $P$ 在 $xOy$ 平面内变动时，对应的点 $Q$ 在空间变动，通常点 $Q$ 的全体形成一张空间曲面，称为二元数 $z=f(x,y)$ 的图形，如图 8.3 所示. 定义域 $D$ 就是此曲面在 $xOy$ 平面上的投影.

例如，函数 $z=\sqrt{a^2-x^2-y^2}\ (a>0)$ 的图形是球心在原点、半径为 $a$ 的上半球面，如图 8.4 所示.

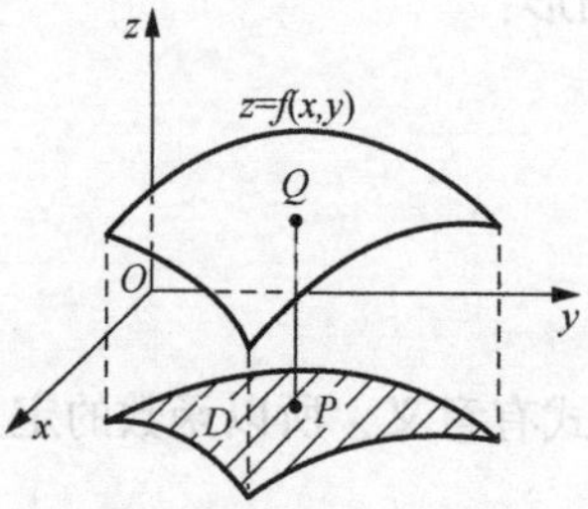


图 8.3

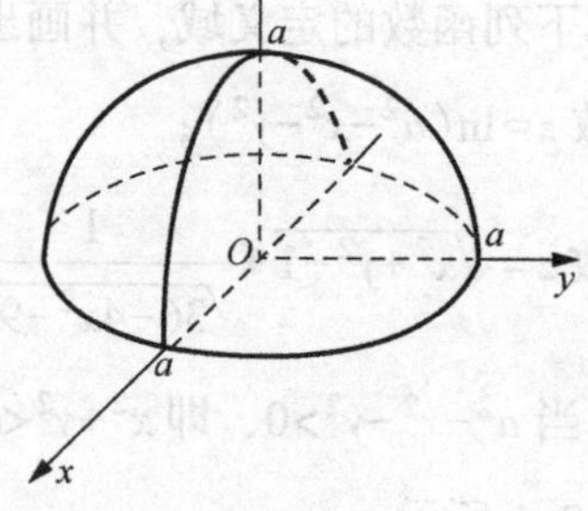


图 8.4

## 8.1.4　二元函数的极限

与一元函数类似，可以定义二元函数的极限.

**定义 2**　设二元函数 $z=f(x,y)$ 在点 $P_0(x_0,y_0)$ 的邻域内有定义[可以在点 $P_0(x_0,y_0)$ 无定义]，若当点 $P(x,y)$ $[(x,y)\neq(x_0,y_0)]$ 沿任意路径趋于点 $P_0$ 时，$f(x,y)$ 都趋于一个确

定的常数 $A$，则称 $A$ 为函数 $f(x,y)$ 当 $P(x,y)\to P_0(x_0,y_0)$ 时的极限，记作

$$\lim_{\substack{x\to x_0\\ y\to y_0}} f(x,y)=A \text{ 或 } f(x,y)\to A(x\to x_0,y\to y_0).$$

**注意**：(1) 当点 $P(x,y)$ 按某些特殊路径趋于点 $P_0(x_0,y_0)$ 时，函数值趋于一个常数，并不能保证函数的极限存在.

(2) 当点 $P(x,y)$ 沿不同路径趋于点 $P_0(x_0,y_0)$ 时，函数值趋于不同的值，则函数的极限必不存在.

**例 5** 求 $\lim\limits_{(x,y)\to(0,0)}\dfrac{\sqrt{xy+9}-3}{xy}$.

**解** 令 $xy=u$，则当 $(x,y)\to(0,0)$ 时，$u\to 0$，于是有

$$\lim_{(x,y)\to(0,0)}\frac{\sqrt{xy+9}-3}{xy}=\lim_{u\to 0}\frac{\sqrt{u+9}-3}{u}=\lim_{u\to 0}\frac{(\sqrt{u+9}-3)(\sqrt{u+9}+3)}{u(\sqrt{u+9}+3)}$$

$$=\lim_{u\to 0}\frac{1}{\sqrt{u+9}+3}=\frac{1}{\sqrt{0+9}+3}=\frac{1}{6}.$$

**例 6** 考察函数 $f(x,y)=\begin{cases}\dfrac{xy}{x^2+y^2}, & x^2+y^2\neq 0,\\ 0, & x^2+y^2=0\end{cases}$ 在 $(x,y)\to(0,0)$ 时的极限是否存在.

**解** 当点 $(x,y)$ 沿 $x$ 轴趋于点 $(0,0)$ 时，这时 $y=0,x\to 0$，有

$$\lim_{\substack{x\to 0\\ y=0}} f(x,y)=\lim_{x\to 0} f(x,0)=\lim_{x\to 0} 0=0.$$

当点 $(x,y)$ 沿直线 $y=kx(k\neq 0)$ 轴趋于点 $(0,0)$ 时，这时 $y=kx,x\to 0$，有

$$\lim_{\substack{x\to 0\\ y=kx\to 0}} f(x,y)=\lim_{x\to 0} f(x,kx)=\lim_{x\to 0}\frac{kx^2}{x^2+k^2x^2}=\frac{k}{1+k^2},$$

随着 $k$ 的取值不同，$\dfrac{k}{1+k^2}$ 的值也不同，所以 $\lim\limits_{\substack{x\to 0\\ y=kx\to 0}} f(x,y)$ 不存在. 因此，$\lim\limits_{\substack{x\to 0\\ y\to 0}} f(x,y)$ 不存在.

### 8.1.5 二元函数的连续性

像一元函数一样，我们可以利用二重极限来给出二元函数连续的定义.

**定义 3** 设二元函数 $z=f(x,y)$ 在点 $P_0(x_0,y_0)$ 及其附近有定义，若当 $P(x,y)$ 趋于点 $P_0(x_0,y_0)$ 时，函数 $f(x,y)$ 的极限存在，且等于它在点 $P_0(x_0,y_0)$ 处的函数值，即

$$\lim_{\substack{x\to x_0\\ y\to y_0}} f(x,y)=f(x_0,y_0),$$

则称函数 $z=f(x,y)$ 在点 $P_0(x_0,y_0)$ 处连续.

如果函数 $z=f(x,y)$ 在区域 $D$ 内的每一点都连续，那么就称 $z=f(x,y)$ 在区域 $D$ 上连续，或者称 $z=f(x,y)$ 是区域 $D$ 上的连续函数.

函数 $z=f(x,y)$ 的不连续点称为函数的间断点.

与一元函数类似，多元连续函数的和、差、积、商(分母不为零)和复合函数仍是连续函数. 有界闭区域上的连续函数必有最大值和最小值.

### 习题 8.1

1. 设函数 $f(x,y)=x^2+xy-2y^2$，求：

(1) $f(1,2)$；　　(2) $f(tx,ty)$.

2. 求下列函数的定义域：

(1) $z=x^2+y^2$；　　(2) $z=x+\sqrt{y}$；

(3) $z=\dfrac{1}{\sqrt{1-x^2-y^2}}$；　　(4) $z=\ln(y-x)$.

3. 求下列函数的极限：

(1) $\lim\limits_{\substack{x\to 2\\ y\to 1}}\dfrac{x+y}{x-y}$；　(2) $\lim\limits_{\substack{x\to 0\\ y\to 0}}\dfrac{\sin(x^2+y^2)}{x^2+y^2}$；　(3) $\lim\limits_{\substack{x\to 0\\ y\to 0}}\dfrac{2-\sqrt{xy+4}}{xy}$.

4. 证明：极限 $\lim\limits_{\substack{x\to 0\\ y\to 0}}\dfrac{xy}{x+y}$ 不存在.

## 8.2　偏导数与全微分

### 学习目标

1. 理解偏导数的定义.
2. 会求多元函数的偏导数.
3. 理解高阶偏导数的概念.
4. 理解全微分的概念.
5. 掌握多元复合函数的偏导数的求法.
6. 掌握隐函数求导法则.

### 8.2.1 偏导数的概念

在一元函数微分学中，我们讨论了函数的变化率，即导数问题. 类似地，对于有多个自变量的函数，我们往往需要研究当一个自变量变化而其他自变量不变时的因变量变化问题，也就是偏导数问题.

**定义1** 设函数 $z=f(x,y)$ 在点 $(x_0,y_0)$ 及其附近有定义. 如果当 $y$ 固定在 $y_0$ 时，一元函数 $z=f(x,y_0)$ 在 $x_0$ 处可导，即

$$\lim_{\Delta x\to 0}\frac{f(x_0+\Delta x,y_0)-f(x_0,y_0)}{\Delta x}$$

存在，则称此极限为函数 $z=f(x,y)$ 在点 $(x_0,y_0)$ 对 $x$ 的偏导数，记作

$$f'_x(x_0,y_0),z'_x\Big|_{\substack{x=x_0\\y=y_0}},\frac{\partial z}{\partial x}\Big|_{\substack{x=x_0\\y=y_0}}\text{或}\frac{\partial f}{\partial x}\Big|_{\substack{x=x_0\\y=y_0}}.$$

类似地，可以定义函数 $z=f(x,y)$ 在点 $(x_0,y_0)$ 对 $y$ 的偏导数. 若

$$\lim_{\Delta y\to 0}\frac{f(x_0,y_0+\Delta y)-f(x_0,y_0)}{\Delta y}$$

存在，则称此极限为函数 $z=f(x,y)$ 在点 $(x_0,y_0)$ 对 $y$ 的偏导数，记作 $f'_y(x_0,y_0),z'_y\Big|_{\substack{x=x_0\\y=y_0}}$，$\frac{\partial z}{\partial y}\Big|_{\substack{x=x_0\\y=y_0}}$ 或 $\frac{\partial f}{\partial y}\Big|_{\substack{x=x_0\\y=y_0}}$.

如果函数 $z=f(x,y)$ 在区域 $D$ 内每一点的偏导数都存在，那么这个偏导数就是 $x,y$ 的函数. 函数 $z=f(x,y)$ 在点 $(x,y)$ 对 $x$ 的偏导数记作

$$f'_x(x,y),z'_x,\frac{\partial z}{\partial x}\text{或}\frac{\partial f}{\partial x},$$

对 $y$ 的偏导数记作

$$f'_y(x,y),z'_y,\frac{\partial z}{\partial y}\text{或}\frac{\partial f}{\partial y}.$$

**说明：**求函数对某个自变量的偏导数，只需把其他变量看成常数，按一元函数的求导法则对这个自变量求导数.

偏导数的概念启示我们，在分析某一个因素对整个事情的影响时，固定其他因素只考虑这一个因素，这也是分析问题的一种方式.

**例1** 设 $z=x^2+y^2+2x$，求 $z'_x,z'_y$.

**解** $z'_x=2x+2,z'_y=2y$.

**例2** 设 $f(x,y)=xe^y+y^2$，求 $f'_x(1,2),f'_y(1,2)$.

**解** $f'_x(x,y)=e^y,f'_y(x,y)=xe^y+2y$,

$f'_x(1,2)=e^2,f'_y(1,2)=e^2+4$.

### 8.2.2　高阶偏导数

一般来说，函数 $z=f(x,y)$ 的偏导数 $f'_x(x,y)$，$f'_y(x,y)$ 仍是 $x,y$ 的函数. 如果这两个偏导数关于 $x,y$ 的偏导数也存在，则称它们的偏导数为 $z=f(x,y)$ 的二阶偏导数，分别记作

$$\frac{\partial^2 z}{\partial x^2}=\frac{\partial}{\partial x}\left(\frac{\partial z}{\partial x}\right)=f''_{xx}=z''_{xx},$$

$$\frac{\partial^2 z}{\partial x\partial y}=\frac{\partial}{\partial y}\left(\frac{\partial z}{\partial x}\right)=f''_{xy}=z''_{xy},$$

$$\frac{\partial^2 z}{\partial y\partial x}=\frac{\partial}{\partial x}\left(\frac{\partial z}{\partial y}\right)=f''_{yx}=z''_{yx},$$

$$\frac{\partial^2 z}{\partial y^2}=\frac{\partial}{\partial y}\left(\frac{\partial z}{\partial y}\right)=f''_{yy}=z''_{yy},$$

其中 $z''_{xy}$，$z''_{yx}$ 称为二阶混合偏导数.

**例 3**　求 $z=x^2y^3$ 的二阶偏导数.

**解**　$\frac{\partial z}{\partial x}=2xy^3,\frac{\partial z}{\partial y}=3x^2y^2,$

$\frac{\partial^2 z}{\partial x^2}=2y^3,\frac{\partial^2 z}{\partial x\partial y}=6xy^2,$

$\frac{\partial^2 z}{\partial y\partial x}=6xy^2,\frac{\partial^2 z}{\partial y^2}=6x^2y.$

在例 3 中，两个混合偏导数相等，这不是偶然的. 这个结果在一定条件下是恒成立的.

**定理 1**　如果函数 $z=f(x,y)$ 的两个偏导数 $f''_{xy}(x,y)$，$f''_{yx}(x,y)$ 在区域 $D$ 内连续，那么在区域 $D$ 内一定有 $f''_{xy}(x,y)=f''_{yx}(x,y)$.

### 8.2.3　全微分

对于一元函数 $y=f(x)$，若函数在 $x$ 处的 $\Delta y$ 可以表示成 $\Delta y=A\Delta x+\alpha$，其中 $\alpha$ 是 $\Delta x$ 的高阶无穷小，则称 $A\Delta x$ 为函数 $y=f(x)$ 在 $x$ 处的微分. 类似地，可以定义二元函数的全微分.

**定义 2**　设函数 $z=f(x,y)$ 在点 $(x,y)$ 处的全增量

$$\Delta z=f(x+\Delta x,y+\Delta y)-f(x,y)$$

可以表示为

$$\Delta z=A\Delta x+B\Delta y+o(\rho),\tag{1}$$

其中$A,B$与$\Delta x,\Delta y$无关，$\rho=\sqrt{(\Delta x)^2+(\Delta y)^2}$，$o(\rho)$是较$\rho$高阶的无穷小，称$A\Delta x+B\Delta y$是函数$z=f(x,y)$在点$(x,y)$处的全微分，记作$\mathrm{d}z$，即

$$\mathrm{d}z=A\Delta x+B\Delta y.$$

这时，也称函数在点$(x,y)$处可微.

若函数在区域$D$内各点处可微，则称函数在区域$D$内可微.

可以证明，如果函数$z=f(x,y)$在点$(x,y)$的某一邻域内有连续的偏导数$\frac{\partial z}{\partial x}$和$\frac{\partial z}{\partial y}$，则$z=f(x,y)$在点$(x,y)$处可微，且

$$\mathrm{d}z=\frac{\partial z}{\partial x}\Delta x+\frac{\partial z}{\partial y}\Delta y.$$

因为有$\Delta x=\mathrm{d}x,\Delta y=\mathrm{d}y$，于是有

$$\mathrm{d}z=\frac{\partial z}{\partial x}\mathrm{d}x+\frac{\partial z}{\partial y}\mathrm{d}y.$$

全微分是由关于$x$和$y$的偏导数及增量一起决定的，体现了从现象到本质，由大化小的哲学思想，对我们来说也是以后处理事情的方式，无论多大的事情，总可以将其分解，只要把各个小问题解决了，大事儿也就迎刃而解了.

**例 4**　求函数$z=x^3y-\frac{x}{y}$在点$(1,1)$处的全微分.

**解**　$\frac{\partial z}{\partial x}=3x^2y-\frac{1}{y},\frac{\partial z}{\partial y}=x^3+\frac{x}{y^2}$,

于是得

$$\left.\frac{\partial z}{\partial x}\right|_{(1,1)}=2,\left.\frac{\partial z}{\partial y}\right|_{(1,1)}=2,$$

从而

$$\mathrm{d}z\big|_{(1,1)}=2\mathrm{d}x+2\mathrm{d}y.$$

**例 5**　求函数$z=\ln(x^2+y^2)$的全微分.

**解**　因为$\frac{\partial z}{\partial x}=\frac{2x}{x^2+y^2},\frac{\partial z}{\partial y}=\frac{2y}{x^2+y^2}$，所以

$$\mathrm{d}z=\frac{2x}{x^2+y^2}\mathrm{d}x+\frac{2y}{x^2+y^2}\mathrm{d}y.$$

与一元函数的微分一样，可利用全微分进行近似计算.

由全微分的定义可知，若函数$z=f(x,y)$在点$(x,y)$处可微，则当$|\Delta x|$和$|\Delta y|$很小时，有如下的近似计算公式：

$$\Delta z\approx\mathrm{d}z=f'_x(x,y)\Delta x+f'_y(x,y)\Delta y;$$

$$f(x+\Delta x,y+\Delta y)\approx f(x,y)+f'_x(x,y)\Delta x+f'_y(x,y)\Delta y.$$

**例 6** 计算$(1.01)^{2.04}$的近似值.

**解** 设函数$f(x,y)=x^y$. 取$x=1,y=2,\Delta x=0.01,\Delta y=0.04$.

$$f(1,2)=1,\ f'_x(1,2)=(yx^{y-1})\big|_{(1,2)}=2,f'_y(1,2)=(x^y\ln x)\big|_{(1,2)}=0.$$

由近似计算公式得

$$(1.01)^{2.04}=(1+0.01)^{2+0.04}\approx 1+2\times 0.01+0\times 0.04=1.02.$$

## 8.2.4 多元复合函数的偏导数

设函数$z=f(u,v)$是变量$u,v$的函数，而$u,v$又是变量$x,y$的函数，则

$$z=f[u(x,y),v(x,y)]$$

是变量$x,y$的复合函数，$u,v$是中间变量，$x,y$是自变量.

**定理 2** 设函数$u=u(x,y)$，$v=v(x,y)$在点$(x,y)$处的偏导数都存在，且在对应于$(x,y)$的点$(u,v)$处，函数$z=f(u,v)$可微，则复合函数

$$z=f[u(x,y),v(x,y)]$$

在点$(x,y)$处对$x$及$y$的偏导数都存在，且

$$\frac{\partial z}{\partial x}=\frac{\partial z}{\partial u}\frac{\partial z}{\partial x}+\frac{\partial z}{\partial v}\frac{\partial z}{\partial x},\quad \frac{\partial z}{\partial y}=\frac{\partial z}{\partial u}\frac{\partial z}{\partial y}+\frac{\partial z}{\partial v}\frac{\partial z}{\partial y}.$$

这个公式称为多元复合函数求导法则的链式法则.

图 8.5 所示的路径可帮助我们直观记忆链式法则.

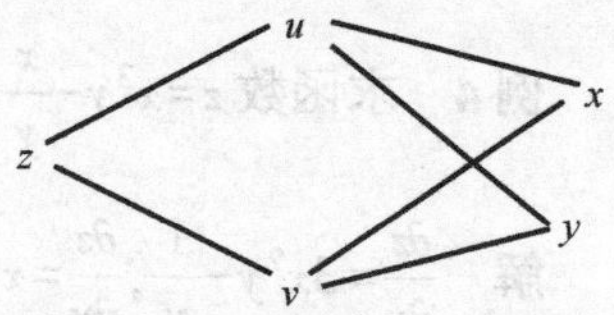


**图 8.5**

**例 7** 求函数$z=(x+y)^{xy}$的偏导数.

**解** 设$u=x+y$，$v=xy$，则$z=u^v$，且

$$\frac{\partial z}{\partial u}=vu^{v-1},\frac{\partial z}{\partial v}=u^v\ln u,$$

$$\frac{\partial u}{\partial x}=1,\frac{\partial u}{\partial y}=1,\frac{\partial v}{\partial x}=y,\frac{\partial v}{\partial y}=x.$$

于是，根据链式法则得

$$\frac{\partial z}{\partial x}=vu^{v-1}\cdot 1+u^v\ln u\cdot y=xy(x+y)^{xy-1}+y(x+y)^{xy}\ln(x+y),$$

$$\frac{\partial z}{\partial y}=vu^{v-1}+u^v\ln u\cdot x=xy(x+y)^{xy-1}+x(x+y)^{xy}\ln(x+y).$$

特别地，若$z=f(u,v),u=u(x),v=v(x)$，则$z$是$x$的一元函数

$$z=f[u(x),v(x)],$$

称$z$对$x$的导数为全导数，计算公式为

$$\frac{dz}{dx}=\frac{\partial z}{\partial u}\frac{du}{dx}+\frac{\partial z}{\partial v}\frac{dv}{dx}$$

图 8.6 所示路径可帮助我们直观记忆这个公式.

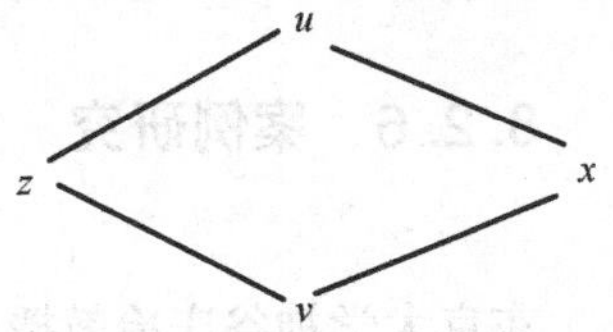

图 8.6

**例 8** 已知 $z=u^2v,u=\sin x,v=x^3$，求$\frac{dz}{dx}$.

**解** $\frac{dz}{dx}=2uv\cdot\cos x+u^2\cdot3x^2$

$=2x^3\sin x\cdot\cos x+3x^2\sin^2x$

$=x^3\sin2x+3x^2\sin^2x.$

链式法则还有其他情形，本书不再一一给出，实际计算中只要弄清复合关系，画出路径，按照“连线相乘，分线相加”的链式法则，就可以得出结果.

### 8.2.5 隐函数求导法则

在一元函数中，已经介绍过用复合函数的求导法则求由方程 $F(x,y)=0$ 确定的隐函数 $y=f(x)$ 的导数的方法. 现在我们用多元复合函数求导的链式法则来讨论它的求导公式.

将方程 $y=f(x)$ 代入方程 $F(x,y)=0$ 中，得恒等式

$$F\{x,f(x)\}\equiv0,$$

它的左端是一个复合函数，利用链式法则，方程 $F(x,y)=0$ 两端对 $x$ 求导，得

$$\frac{\partial F}{\partial x}+\frac{\partial F}{\partial y}\frac{dy}{dx}=0.$$

若$\frac{\partial F}{\partial y}\neq0$，则由方程 $F(x,y)=0$ 确定的隐函数 $y=f(x)$ 的导数的计算公式为

$$\frac{dy}{dx}=-\frac{F'_x}{F'_y}.$$

同理，由三元方程 $F(x,y,z)=0$ 确定的隐函数 $z=f(x,y)$ 的偏导数计算公式为

$$\frac{\partial z}{\partial x}=-\frac{F'_x}{F'_z},\frac{\partial z}{\partial y}=-\frac{F'_y}{F'_z},$$

其中 $F'_z\neq0$.

**例 9** 求由方程 $x^2+y^2+z^2=1$ 确定的隐函数 $z$ 的偏导数.

**解** 设 $F(x,y,z)=x^2+y^2+z^2-1$，则

$$F'_x=2x,F'_y=2y,F'_z=2z,$$

于是，由隐函数求导公式，得

$$\frac{\partial z}{\partial x}=-\frac{F'_x}{F'_z}=-\frac{x}{z},\frac{\partial z}{\partial y}=-\frac{F'_y}{F'_z}=-\frac{y}{z}.$$

## 8.2.6　案例研究

东京大学神谷庆冶教授于 1941 年应用柯布-道格拉斯生产函数研究日本东北地区水稻生产的技术经济问题，建立了该地区的水稻生产函数模型

$$Q=Q(x,y)=0.24x^{0.73}y^{-0.07},$$

其中 $Q$ 为水稻的产量，$x$ 为水稻的种植面积，$y$ 为投入劳动力数量.

（1）当 $y=10$ 时，求 $Q$ 关于 $x$ 的变化率，并分析其经济意义.

（2）当 $x=100$ 时，求 $Q$ 关于 $y$ 的变化率，并分析其经济意义.

**解**　(1)将 $y=10$ 代入函数中，得

$$Q(x,10)=0.24\times10^{-0.07}x^{0.73},$$

它是 $x$ 的一元函数. 对其求导得 $Q$ 关于 $x$ 的变化率为

$$Q'_x(x,10)=0.24\times10^{-0.07}\times0.73x^{-0.27}=0.1491x^{-0.27}.$$

因为 $Q'_x(x,10)=0.1491x^{-0.27}>0$，所以水稻的产量随水稻种植面积的增加而上升.

(2) 将 $x=100$ 代入函数中，得

$$Q(100,y)=0.24\times100^{0.73}y^{-0.07},$$

它是 $y$ 的一元函数. 求导，得 $Q$ 关于 $y$ 的变化率为

$$Q'_y(100,y)=0.24\times100^{0.73}\times(-0.07)y^{-1.07}=-0.4845y^{-1.07}.$$

因为 $Q'_y(100,y)=-0.4845y^{-1.07}<0$，所以水稻的产量随劳动力投入量的增加而下降.

## 习题 8.2

1. 求下列函数的偏导数：

（1）$z=2x^2+3y^3-x+1$；　　（2）$z=x^2\sin y$；

（3）$z=\ln(2x+y)$；　　（4）$z=\arcsin(xy)$；

（5）$z=\sqrt{x^2+y^2}$；　　（6）$z=e^{2x+3y}$.

2. 设函数 $f(x,y)=\ln\left(x+\frac{x}{y}\right)$，求 $f'_x(2,3)$，$f'_y(2,3)$.

3. 求下列函数的二阶偏导数：

（1）$z=x^3+3xy^2$；　　（2）$z=\arctan\frac{x}{y}$.

4. 求下列函数的全微分：

（1）$z=x^2+y^2$；　　（2）$z=\arctan\frac{y}{x}$.

5. 计算$\sqrt{3.01^2+3.98^2}$的近似值.

6. 设$z=e^{u+v}, u=x^2, v=\cos x$，求$\frac{dz}{dx}$.

7. 设$z=u^2e^v, u=x+y, v=x-y$，求$\frac{\partial z}{\partial x}, \frac{\partial z}{\partial y}$.

8. 求由方程$\sin y+e^x-xy^2=0$确定的隐函数$y=f(x)$的导数$\frac{dy}{dx}$.

9. 求由方程$x^2+y^2+z^2-2x-y=0$确定的隐函数$z=f(x,y)$的偏导数$\frac{\partial z}{\partial x}$和$\frac{\partial z}{\partial y}$.

10. 设有一圆柱体，它的底半径以0.1cm/s的速度在增加，而高以0.2cm/s的速度在减少. 试求当底半径为100cm、高为120cm时圆柱体体积的变化率.

## 8.3 二元函数的极值与最值

**学习目标**

1. 理解二元函数极值的定义.
2. 掌握二元函数极值的求法.
3. 掌握条件极值的求法.

横看成岭侧成峰，远近高低各不同. 不识庐山真面目，只缘身在此山中.

这首诗描绘的是庐山的景色随观察者角度不同，呈现出不同的样貌. 多元函数极值这个知识点，按照数形结合的思想画出来的图形，就像庐山的山岭一样连绵起伏，极大值在山顶取得，极小值则在山谷中出现.

### 8.3.1 二元函数的极值

在实际问题中，经常会遇到求多元函数的最大值、最小值的问题. 例如，如何设计长方体的长、宽和高，使容积一定的情况下用料最省等. 与一元函数的最大值、最小值类似，多元函数的最大值、最小值也与多元函数的极值有关. 下面讨论二元函数的极值，多元函数的极值类似.

**定义** 设函数$z=f(x,y)$在点$(x_0,y_0)$及其附近有定义. 如果对于$(x_0,y_0)$附近区域内不同于$(x_0,y_0)$的点$(x,y)$，恒有

$$f(x,y)<f(x,y_0)\ [\text{或} f(x,y)>f(x,y_0)],$$

则称函数 $z=f(x,y)$ 在点 $(x_0,y_0)$ 处有**极大值** $f(x_0,y_0)$ [或**极小值** $f(x_0,y_0)$]，称点 $(x_0,y_0)$ 为函数的**极大值点**(或**极小值点**).

函数的极大值与极小值统称为极值，极大值点与极小值点统称为极值点.

例如，函数 $f(x,y)=x^2+y^2+1$ 在点 $(0,0)$ 的某邻域内的任意点 $(x,y)\neq(0,0)$ 处恒有

$$f(x,y)=x^2+y^2+1>1=f(0,0).$$

所以，函数 $f(x,y)=x^2+y^2+1$ 在点 $(0,0)$ 处有极小值 $f(0,0)=1$，点 $(0,0)$ 为极小值点.

与导数在一元函数极值研究中的作用一样，偏导数是研究多元函数极值的主要工具.

如果二元函数 $z=f(x,y)$ 在点 $(x_0,y_0)$ 处取得极值，那么固定 $y=y_0$，一元函数 $z=f(x,y_0)$ 在点 $x=x_0$ 必取得相同的极值；同理，固定 $x=x_0$，一元函数 $z=f(x_0,y)$ 在点 $y=y_0$ 也必取得相同的极值. 因此，由一元函数极值的必要条件，可以得到二元函数极值的必要条件.

**定理 1**　(极值的必要条件)设函数 $z=f(x,y)$ 在点 $(x_0,y_0)$ 处有偏导数，且在点 $(x_0,y_0)$ 处取得极值，则它在该点的偏导数必然为零，即 $f'_x(x_0,y_0)=0$，$f'_y(x_0,y_0)=0$.

使偏导数 $f'_x(x,y)$ 与 $f'_y(x,y)$ 同时为零的点 $(x_0,y_0)$ 称为函数 $z=f(x,y)$ 的**驻点**.

由定理 1 可知，偏导数存在的极值点必是驻点. 但是，函数的驻点不一定是极值点.

例如，函数 $f(x,y)=xy$ 在点 $(0,0)$ 处有 $f'_x(0,0)=f'_y(0,0)=0$，即点 $(0,0)$ 是其驻点. 但是，对于点 $(0,0)$ 附近区域内不同于点 $(0,0)$ 的点 $(x,y)$，当 $x$，$y$ 同号时，有 $f(x,y)=xy>0=f(0,0)$，而当 $x,y$ 异号时，有 $f(x,y)=xy<0=f(0,0)$，所以点 $(0,0)$ 不是函数的极值点.

**定理 2**　(极值的充分条件)设函数 $z=f(x,y)$ 在点 $(x_0,y_0)$ 及其附近区域内有连续的二阶偏导数，且 $(x_0,y_0)$ 为函数 $z=f(x,y)$ 的驻点. 记 $f''_{xx}(x_0,y_0)=A, f''_{xy}(x_0,y_0)=B, f''_{yy}(x_0,y_0)=C$，则

(1) 当 $B^2-AC<0$ 且 $A<0$ 时，有极大值 $f(x_0,y_0)$；

(2) 当 $B^2-AC<0$ 且 $A>0$ 时，有极小值 $f(x_0,y_0)$；

(3) 当 $B^2-AC>0$ 时，函数 $z=f(x,y)$ 在点 $(x_0,y_0)$ 处无极值；

(4) 当 $B^2-AC=0$ 时，函数 $z=f(x,y)$ 在点 $(x_0,y_0)$ 处可能有极值，也可能无极值.

根据定理 2，求具有二阶连续偏导数的二元函数 $z=f(x,y)$ 的极值的步骤如下：

(1) 求出 $f'_x(x,y), f'_y(x,y), f''_{xx}(x,y), f''_{xy}(x,y), f''_{yy}(x,y)$；

(2) 解方程组 $\begin{cases} f'_x(x,y)=0, \\ f'_y(x,y)=0, \end{cases}$ 求出函数的所有驻点；

(3) 对每一个驻点，求出对应的 $A,B,C$ 及 $B^2-AC$ 的值，根据定理 2 判断哪些驻点为极值点，并求出相应的极值.

人生就像连绵不断的曲面，起起落落是必经之路，也是成长的需要，低谷与顶峰只是人生路上的一个转折点，跌入低谷不气馁，甘于平淡不放任，伫立高峰不张扬.

**例 1** 求 $f(x,y)=x^3+y^3-3xy$ 的极值.

**解** (1) $f'_x(x,y)=3x^2-3y$, $f'_y(x,y)=3y^2-3x$,

$f''_{xx}(x,y)=6x$, $f''_{xy}(x,y)=-3$, $f''_{yy}(x,y)=6y$.

(2) 解方程组 $\begin{cases} f'_x(x,y)=3x^2-3y=0, \\ f'_y(x,y)=3y^2-3x=0, \end{cases}$

得所有驻点为 $(0,0)$, $(1,1)$, $(1,-1)$.

(3) 对于驻点 $(0,0)$，$A=0, B=-3, C=0, B^2-AC=9>0$，所以 $(0,0)$ 不是极值点；

对于驻点 $(1,1)$，$A=6>0, B=-3, C=6, B^2-AC=-27<0$，所以 $(1,1)$ 是极小值点，极小值为 $f(1,1)=-1$；

对于驻点 $(1,-1)$，$A=6>0$，$B=-3$，$C=-6$，$B^2-AC=45>0$，所以 $(1,-1)$ 不是极值点.

## 8.3.2 二元函数的最值

若函数 $z=f(x,y)$ 在有界闭区域 $D$ 上连续，则 $z=f(x,y)$ 在有界闭区域 $D$ 上必有最大值和最小值.

求函数 $z=f(x,y)$ 在有界闭区域 $D$ 上的最大值和最小值的步骤如下：

(1) 求出在有界闭区域 $D$ 内的全部驻点和导数不存在的点；

(2) 计算出驻点及偏导数不存在的点处的函数值；

(3) 求出函数 $z=f(x,y)$ 在有界闭区域 $D$ 的边界上的最大值和最小值；

(4) 比较以上所得的函数值，其中最大的就是最大值，最小的就是最小值.

在求解实际问题的最大值和最小值时，可以根据问题的实际意义来确定. 即若知道所求函数在区域 $D$ 内一定能取得最大值和最小值，且函数在区域 $D$ 内只有一个驻点，没有导数不存在的点，则可以肯定该驻点处的函数值就是函数在区域 $D$ 上的最大值和最小值.

**例 2** 某工厂生产 $A$ 和 $B$ 两种产品，出售单价分别为 10 元与 9 元，生产 $x$ 单位的产品 $A$ 与生产 $y$ 单位的产品 $B$ 的总费用(单位：元)是

$$400+2x+3y+0.01(3x^2+xy+3y^2).$$

求取得最大利润时，两种产品的产量各为多少？

**解** 该工厂的收入函数为 $R(x,y)=10x+9y$,

成本函数为

$$C(x,y)=400+2x+3y+0.01(3x^2+xy+3y^2),$$

利润函数为

$$\begin{aligned} L(x,y) &= R(x,y)-C(x,y)=10x+9y-400-2x-3y-0.01(3x^2+xy+3y^2) \\ &= -0.01(3x^2+xy+3y^2)+8x+6y-400. \end{aligned}$$

解方程组

$$\begin{cases} L'_x(x,y)=-0.06x-0.01y+8=0, \\ L'_y(x,y)=-0.01x-0.06y+6=0, \end{cases}$$

得 $x=120, y=80$，即驻点为(120，80)．由题意知，利润函数在区域 $D$ 内一定有最大值，而利润函数在区域 $D$ 内只有一个驻点，没有导数不存在的点，所以利润函数在该驻点必取得最大值．故 $A$ 产品生产 120 单位、$B$ 产品生产 80 单位时该工厂可获得最大利润．

### 8.3.3　条件极值

前面所讨论的极值问题，一般只要求函数的自变量在定义域内，并无其他限制条件，这类问题称为无条件极值．在实际问题中，常会遇到函数的自变量还有约束条件的极值问题，这类问题称为条件极值．

例如，求表面积为 $a^2$ 而体积最大的长方体的体积问题．设长、宽、高分别为 $x,y,z$，则体积 $V=xyz$．因为长方体的表面积是定值，所以自变量 $x,y,z$ 还必须满足条件 $2(xy+yz+xz)=a^2$，这是一个极值问题．对于该极值问题，可以从条件中解出变量 $z$ 关于 $x,y$ 的表达式，代入 $V=xyz$ 的表达式中，即可将条件极值问题化为无条件极值问题．但在很多情况下，将条件极值化为无条件极值是比较困难的．下面介绍求解条件极值问题的拉格朗日乘数法．

用拉格朗日乘数法求函数 $z=f(x,y)$ 在约束条件 $\varphi(x,y)=0$ 下的极值的步骤如下．

(1) 构造辅助函数 $F(x,y,\lambda)=f(x,y)+\lambda\varphi(x,y)$，其中 $\lambda$ 为参数．

(2) 将辅助函数分别对 $x,y,\lambda$ 求偏导数，并求出满足方程组

$$\begin{cases} F'_x(x,y,\lambda)=f'_x(x,y)+\lambda'\varphi_x(x,y)=0, \\ F'_x(x,y,\lambda)=f'_y(x,y)+\lambda'\varphi_x(x,y)=0, \\ F'_x(x,y,\lambda)=\varphi(x,y)=0 \end{cases}$$

的所有点 $(x,y)$，这样的点称为可能极值点．

(3) 判断(2)中所得的点 $(x,y)$ 是否为极值点．在实际问题中，往往根据实际问题的意义和要求，直接做出判断．

**例 3**　用面积为 $3\text{m}^3$ 的薄铁皮做一个无盖的长方体容器，问：如何设计才能使长方体容器的容积最大？最大值是多少？

**解**　设长方体容器的长、宽、高分别为 $x,y,z$(单位：m)，则长方体容器的容积为

$$V=xyz,$$

表面积为

$$2yz+2xz+xy=3.$$

构造辅助函数

$$F(x,y,\lambda)=xyz+\lambda(2xz+2yz+xy-3),$$

解方程组

$$\begin{cases}F'_x(x,y,z,\lambda)=yz+\lambda(2z+y)=0,\\F'_x(x,y,z,\lambda)=xz+\lambda(2z+x)=0,\\F'_x(x,y,z,\lambda)=xy+\lambda(2x+2y)=0,\\F'_x(x,y,z,\lambda)=2xz+2yz+xy-3=0,\end{cases}$$

将第一个方程两端同乘 $x$，第二个方程两端同乘 $y$，第三个方程两端同乘 $z$，可得

$$\lambda(2xz+xy)=\lambda(2yz+xy)=\lambda(2xz+2yz).$$

又由 $\lambda\neq0$（否则 $x=y=z=0$，不合题意），得 $x=y=2z$.

将上式代入第四个方程，得

$$x=y=1,z=\frac{1}{2}.$$

因为点 $\left(1,1,\frac{1}{2}\right)$ 是唯一驻点，所以，由题意可知，当长方体容器的长和宽均为 1m，高为 $\frac{1}{2}$m 时，长方体容器的容积最大，最大值为 $\frac{1}{2}\text{m}^3$.

## 习题 8.3

1. 求下列函数的极值：

(1) $z=x^2+(y-1)^2$；　　(2) $z=x^2-xy+y^2-2x+y$；

(3) $z=-x^2+y^3+6x-12y+5$；　　(4) $z=e^{4y-x^2-y^2}$.

2. 已知圆柱体的底面圆周长为 12cm，问：当圆柱体的底面半径和高分别为多少时，圆柱体的体积最大？

3. 求平面 $x-y+z-4=0$ 上到点 $(1,2,3)$ 距离最近的点.

4. 某厂欲制造容积为 $8\text{m}^3$ 的长方体容器，问：如何设计长方体容器的长、宽、高才能使用料最省？

5. 设某企业生产甲、乙两种产品，产量分别为 $x$ 和 $y$，利润函数为

$$L(x,y)=6x-x^2+16y-4y^2-2,$$

每生产 1 单位甲产品需要消耗某种原材料 2 000kg，生产 1 单位乙产品需要消耗这种原材料 4 000kg，现有该种原材料 14 000kg，问：两种产品的产量各为多少时总利润最大？

6. 设某企业的总成本函数为

$$C(x,y)=5x^2+2xy+3y^2+800(\text{万元}),$$

且每年的产量限额为 $x+y=39$ 单位．求最小总成本.

# 8.4　二重积分

**学习目标**

1. 理解二重积分的概念.
2. 掌握二重积分的性质.
3. 掌握二重积分在直角坐标系下的计算方法.
4. 了解二重积分在极坐标系下的计算方法.

## 8.4.1　二重积分的概念

设函数 $z=f(x,y)$ 在平面有界闭域 $D$ 上连续，且 $f(x,y)\geqslant 0$. 如图 8.7 所示，以区域 $D$ 为底面，侧面是以区域 $D$ 的边界曲线为准线、母线平行于 $z$ 轴的柱面，这样的几何体称为曲顶柱体. 下面求曲顶柱体的体积 $V$.

第一步：用一组曲线把区域 $D$ 分割成 $n$ 个小区域 $\Delta\sigma_1,\Delta\sigma_2,\cdots,\Delta\sigma_n$. 记 $\Delta\sigma_i$ 为第 $i$ 个小区域的面积. 以 $\Delta\sigma_i$ 为底面作母线平行于 $z$ 轴的柱面，把曲顶柱体分割成 $n$ 个小曲顶柱体，它们的体积依次记为 $\Delta V_1,\Delta V_2,\cdots,\Delta V_n$.

第二步：在小区域 $\Delta\sigma_i$ 上任取一点 $(\xi_i,\eta_i)$，以 $f(\xi_i,\eta_i)$ 为高、$\Delta\sigma_i$ 为底作小平顶柱体，如图 8.8 所示. 用这个小平顶柱体的体积 $f(\xi_i,\eta_i)\Delta\sigma_i$ 近似相应区域上小曲顶柱体的体积 $\Delta V_i$，即

$$\Delta V_i\approx f(\xi_i,\eta_i)\Delta\sigma_i(i=1,2,\cdots,n).$$

第三步：把 $n$ 个小平顶柱体的体积加起来，就得到区域 $D$ 上曲顶柱体体积的近似值，即

$$V\approx\sum_{i=1}^{n}f(\xi_i,\eta_i)\Delta\sigma_i. \tag{1}$$

第四步：记 $\lambda=\max\{d_1,d_2,\cdots,d_n\}$，其中 $d_i(i=1,2,\cdots,n)$ 表示第 $i$ 个小区域的直径，即小区域上任意两点间距离的最大值. 分割越细密，式(1)的近似效果越好. 于是，当 $\lambda\to 0$ 时，式(1)的极限就是所求的曲顶柱体的体积，即

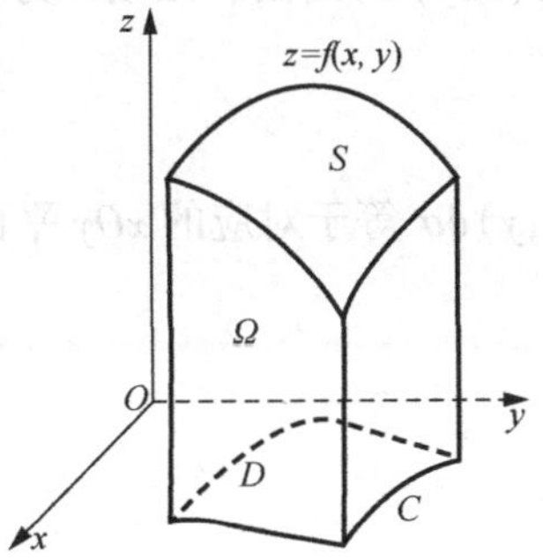


图 8.7

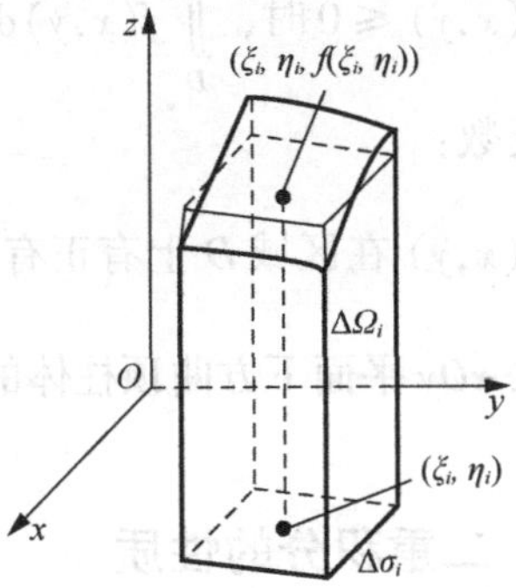


图 8.8

$$V=\lim_{\lambda\to 0}\sum_{i=1}^{n} f(\xi_i,\eta_i)\Delta\sigma_i. \qquad (2)$$

在物理学、力学和工程技术中还有很多量可以表示成式(2)的和式的极限. 为了便于研究和计算，把式(2)中和式的极限定义为二重积分.

**定义** 设函数 $z=f(x,y)$ 在闭域 $D$ 上有界. 将闭域 $D$ 分割成 $n$ 个小区域 $\Delta\sigma_1,\Delta\sigma_2,\cdots,\Delta\sigma_n$，记 $\Delta\sigma_i$ 为第 $i$ 个小区域的面积，并记 $n$ 个小区域直径的最大值为 $\lambda$. 在每个小区域 $\Delta\sigma_i$ 上任取一点 $(\xi_i,\eta_i)$ 做乘积 $f(\xi_i,\eta_i)\Delta\sigma_i$. 当 $\lambda\to 0$ 时，若 $\lim\limits_{\lambda\to 0}\sum\limits_{i=1}^{n} f(\xi_i,\eta_i)\Delta\sigma_i$ 存在且唯一，则称此极限为 $f(x,y)$ 在有界闭域 $D$ 上的二重积分，记为 $\iint\limits_D f(x,y)\mathrm{d}\sigma$，即

$$\iint\limits_D f(x,y)\mathrm{d}\sigma=\lim_{\lambda\to 0}\sum_{i=1}^{n} f(\xi,\eta_i)\Delta\sigma_i.$$

其中，$f(x,y)$ 叫作被积函数，$f(x,y)\mathrm{d}\sigma$ 叫作被积表达式，$\mathrm{d}\sigma$ 叫作面积元素，$x,y$ 叫作积分变量，$D$ 叫作积分区域.

二重积分 $\iint\limits_D f(x,y)\mathrm{d}\sigma$ 由被积函数和积分区域唯一确定.

二重积分定义中对区域 $D$ 的分割是任意的. 在直角坐标系中，用平行于坐标轴的直线网来划分区域，这时有面积元素 $\mathrm{d}\sigma=\mathrm{d}x\mathrm{d}y$，于是二重积分变为 $\iint\limits_D f(x,y)\mathrm{d}x\mathrm{d}y$.

当函数 $f(x,y)$ 在有界闭域 $D$ 上连续时，二重积分一定存在.

由二重积分的定义可知，图 8.7 中的曲顶柱体的体积 $V=\iint\limits_D f(x,y)\mathrm{d}\sigma$.

二重积分的几何意义为：

(1) 当 $f(x,y)\geqslant 0$ 时，$\iint\limits_D f(x,y)\mathrm{d}\sigma$ 等于以 $z=f(x,y)$ 为曲面、区域 $D$ 为底的曲顶柱体的体积；

（2）当$f(x,y)\leqslant 0$时，$\iint\limits_D f(x,y)\mathrm{d}\sigma$等于以$z=f(x,y)$为曲面、区域$D$为底的曲顶柱体的体积的相反数；

（3）当$f(x,y)$在区域$D$上有正有负时，$\iint\limits_D f(x,y)\mathrm{d}\sigma$等于对应的$xOy$平面上方曲顶柱体的体积减去$xOy$平面下方曲顶柱体的体积.

## 8.4.2　二重积分的性质

二重积分的性质如下.

（1）$\iint\limits_D kf(x,y)\mathrm{d}\sigma=k\iint\limits_D f(x,y)\mathrm{d}\sigma$，$k$为常数.

（2）$\iint\limits_D [f(x,y)\pm g(x,y)]\mathrm{d}\sigma=\iint\limits_D f(x,y)\mathrm{d}\sigma\pm\iint\limits_D g(x,y)\mathrm{d}\sigma$.

（3）若将区域$D$分割为两个闭域$D_1$和$D_2$，则

$$\iint\limits_D f(x,y)\mathrm{d}\sigma=\iint\limits_{D_1} f(x,y)\mathrm{d}\sigma+\iint\limits_{D_2} f(x,y)\mathrm{d}\sigma.$$

（4）若在$D$上$f(x,y)\equiv 1$，$\sigma$为有界闭域$D$的面积，则

$$\iint\limits_D 1\mathrm{d}\sigma=\iint\limits_D \mathrm{d}\sigma=\sigma.$$

二重积分概念中曲直转化的数学思想，体现的是哲学中曲直替代的辩证观，这对我们的日常生活、个人成长以及人生处世具有重大的指导意义.

## 8.4.3　二重积分在直角坐标系下的计算

在直角坐标系下二重积分的计算转化为两个累次积分的计算.

下面先介绍两种特殊的积分区域.

由直线$x=a,x=b$和连续曲线$y=y_1(x)$，$y=y_2(x)$ $[y_1(x)\leqslant y_2(x)]$所围成的积分区域$D$称为$X$型区域，如图8.9所示，可以表示为

$$D:y_1(x)\leqslant y\leqslant y_2(x),a\leqslant x\leqslant b.$$

其特点是：穿过$D$内部且平行于$y$轴的直线与$D$的边界相交不多于两点.

由直线$y=c,y=d$和连续曲线$x=x_1(y)$，$x=x_2(y)$ $[x_1(y)\leqslant x_2(y)]$所围成的积分区域$D$称为$Y$型区域，如图8.10所示，可以表示为

$$D:x_1(y)\leqslant x\leqslant x_2(y),c\leqslant y\leqslant d.$$

其特点是：穿过$D$内部且平行于$x$轴的直线与$D$的边界相交不多于两点.

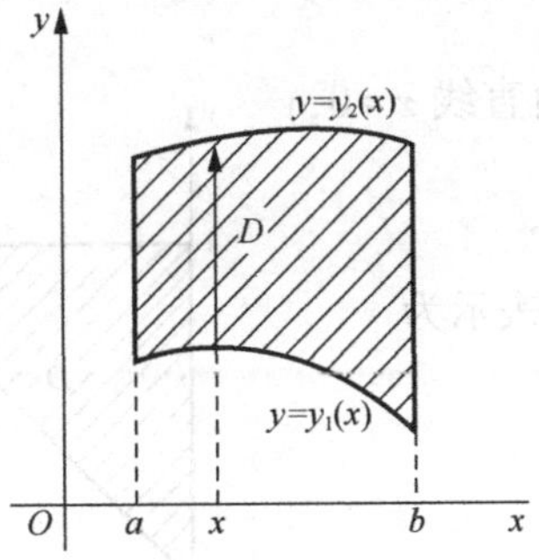


图 8.9

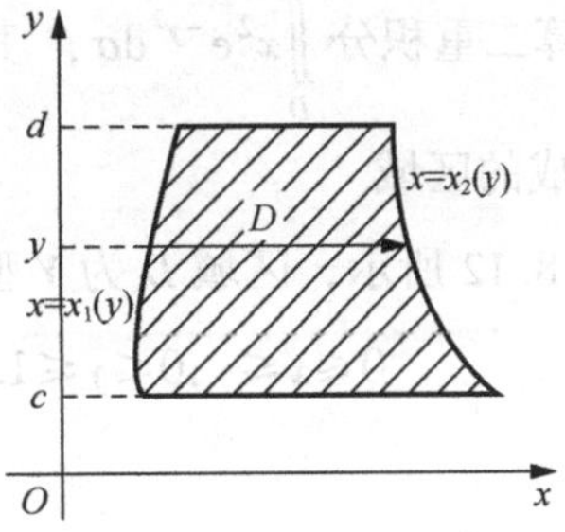


图 8.10

对于区域 $D$ 为 $X$ 型区域，有

$$\iint\limits_D f(x,y)\,\mathrm{d}\sigma=\int_a^b\left[\int_{y_1(x)}^{y_2(x)}f(x,y)\,\mathrm{d}y\right]\mathrm{d}x,$$

称为先对 $y$ 后对 $x$ 的积分. 积分中对 $y$ 积分时，将 $x$ 看成常数，积分下限与积分上限分别为 $y_1(x)$ 和 $y_2(x)$，然后把积分所得的结果，再对 $x$ 由 $a$ 到 $b$ 求定积分.

上式也可写为

$$\iint\limits_D f(x,y)\,\mathrm{d}\sigma=\int_a^b\mathrm{d}x\int_{y_1(x)}^{y_2(x)}f(x,y)\,\mathrm{d}y.$$

对于区域 $D$ 为 $Y$ 型区域，有

$$\iint\limits_D f(x,y)\,\mathrm{d}\sigma=\int_c^d\left[\int_{x_1(y)}^{x_2(y)}f(x,y)\,\mathrm{d}x\right]\mathrm{d}y.$$

称为先对 $x$ 后对 $y$ 的积分. 积分中对 $x$ 积分时，将 $y$ 看成常数，积分下限与积分上限分别为 $x_1(y)$ 和 $x_2(y)$，然后把积分所得的结果，再对 $y$ 由 $c$ 到 $d$ 求定积分.

上式也可写为

$$\iint\limits_D f(x,y)\,\mathrm{d}\sigma=\int_c^d\mathrm{d}y\int_{x_1(y)}^{x_2(y)}f(x,y)\,\mathrm{d}x.$$

**例 1** 计算二重积分 $\iint\limits_D(x+y)\,\mathrm{d}\sigma$，其中 $D$ 是由直线 $x=2,y=x$ 和双曲线 $y=\dfrac{1}{x}$ 所围成的区域.

**解** 如图 8.11 所示，区域 $D$ 为 $X$ 型区域，可表示为

$$\frac{1}{x}\leqslant y\leqslant x,1\leqslant x\leqslant 2.$$

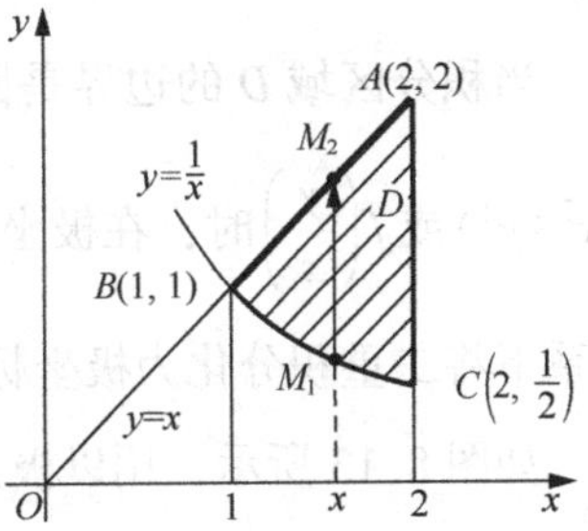


图 8.11

于是有

$$\iint\limits_D(x+y)\,\mathrm{d}\sigma=\int_1^2\mathrm{d}x\int_{\frac{1}{x}}^{x}(x+y)\,\mathrm{d}y=\int_1^2\left[xy+\frac{y^2}{2}\right]_{\frac{1}{x}}^{x}\mathrm{d}x$$

$$=\int_1^2\left(\frac{3}{2}x^2-1-\frac{1}{2}\cdot\frac{1}{x^2}\right)\mathrm{d}x=\frac{1}{2}\left[x^3+\frac{1}{x}\right]_1^2=\frac{13}{4}$$

.

**例 2** 计算二重积分 $\iint\limits_D x^2 e^{-y^2} d\sigma$，其中 $D$ 是由直线 $x=0, y=1, y=x$ 所围成的区域.

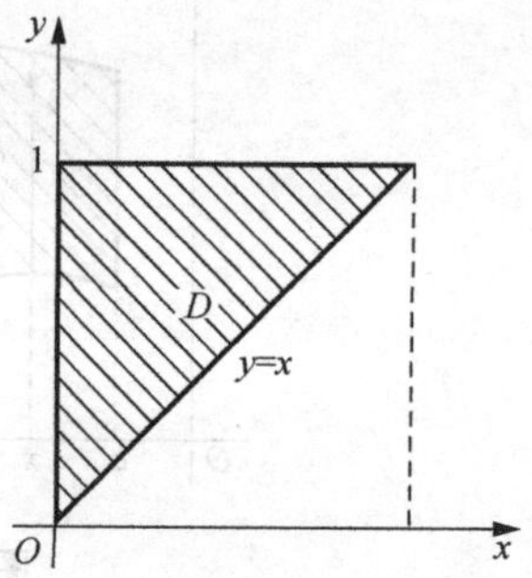

图 8.12

**解** 如图 8.12 所示，区域 $D$ 为 $Y$ 型区域，可表示为

$$0 \leqslant x \leqslant y, 0 \leqslant y \leqslant 1.$$

于是有

$$\iint\limits_D x^2 e^{-y^2} d\sigma = \int_0^1 dy \int_0^y x^2 e^{-y^2} dx$$

$$= \frac{1}{3}\int_0^1 y^3 e^{-y^2} dy.$$

由分部积分法得

$$\iint\limits_D x^2 e^{-y^2} d\sigma = \frac{1}{6} - \frac{1}{3e}.$$

**例 3** 交换累次积分次序并计算二重积分：$\int_0^1 dx \int_x^1 \sin y^2 dy$.

**解** 因为求不出 $\sin y^2$ 的原函数的初等函数表示式，所以试着改变积分次序再计算. 将这个累次积分的积分区域 $D$(见图 8.12)表示成 $Y$ 型区域：$0 \leqslant x \leqslant y, 0 \leqslant y \leqslant 1$.

于是

$$\int_0^1 dx \int_x^1 \sin y^2 dy = \int_0^1 dy \int_0^y \sin y^2 dx$$

$$= \int_0^1 y \sin y^2 dy$$

$$= \frac{1}{2}(1 - \cos 1).$$

## *8.4.4 二重积分在极坐标系下的计算

当积分区域 $D$ 的边界是圆或其他用极坐标方程表示比较方便的曲线，而被积函数是 $f(x^2+y^2)$ 或 $f\left(\frac{y}{x}\right)$ 时，在极坐标系下计算二重积分往往比较简单. 下面讨论如何在直角坐标系下将二重积分化为极坐标系下的二重积分.

如图 8.13 所示，用以极点 $O$ 为圆心的一族同心圆和过极点的一族射线分割积分区域 $D$. 任取其中一个小区域 $\Delta\sigma$，如图 8.14 所示，则其面积可近似看作以 $dr$ 和 $r d\theta$ 为边长的小矩形的面积，即 $\Delta\sigma \approx r dr d\theta$，这就是面积微元 $d\sigma$，即 $d\sigma = r dr d\theta$.

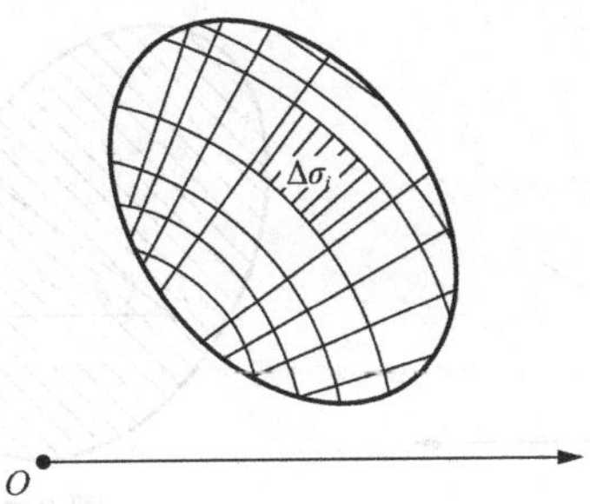


图 8.13

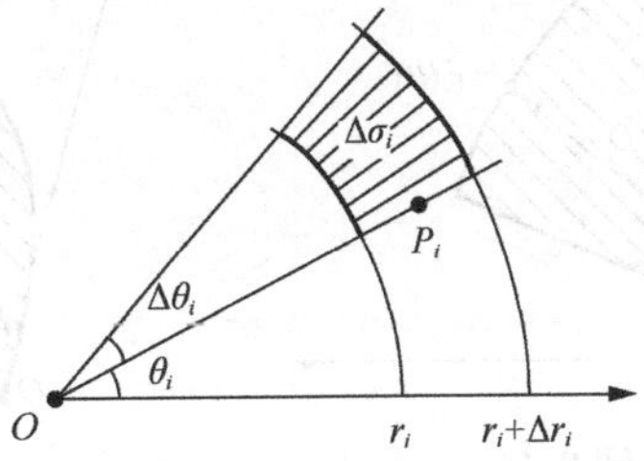


图 8.14

平面内点 $P$ 的直角坐标$(x,y)$与极坐标$(r,\theta)$的变换关系为

$$\begin{cases} x=r\cos\theta, \\ y=r\sin\theta. \end{cases} \tag{3}$$

于是就可以将直角坐标系下的二重积分化为极坐标系下的二重积分，有

$$\iint\limits_D f(x,y)\,\mathrm{d}\sigma=\iint\limits_D f(r\cos\theta,r\sin\theta)\,r\mathrm{d}r\mathrm{d}\theta.$$

在极坐标系中，$\iint\limits_D f(r\cos\theta,r\sin\theta)\,r\mathrm{d}r\mathrm{d}\theta$ 也要化为二次积分来求，一般将二重积分化为先对 $r$ 积分后对 $\theta$ 积分的二次积分.

将直角坐标系下的二重积分化为极坐标系下的二次积分的步骤如下：

(1) 画出积分区域 $D$，并将积分区域 $D$ 的边界曲线方程化为极坐标方程；

(2) 根据式(3)将直角坐标系下的二重积分化为极坐标系下的二重积分.

常见的情形及转化如下：

当积分区域 $D$ 是图 8.15 所示的区域(极点在积分区域外)时，

$$\iint\limits_D f(r\cos\theta,r\sin\theta)\,r\mathrm{d}r\mathrm{d}\theta=\int_\alpha^\beta\mathrm{d}\theta\int_{r_1(\theta)}^{r_2(\theta)}f(r\cos\theta,r\sin\theta)\,r\mathrm{d}r;$$

当积分区域 $D$ 是图 8.16 所示的区域(极点在积分区域边界上)时，

$$\iint\limits_D f(r\cos\theta,r\sin\theta)\,r\mathrm{d}r\mathrm{d}\theta=\int_\alpha^\beta\mathrm{d}\theta\int_0^{r(\theta)}f(r\cos\theta,r\sin\theta)\,r\mathrm{d}r;$$

当积分区域 $D$ 是图 8.17 所示的区域(极点在积分区域内部)时，

$$\iint\limits_D f(r\cos\theta,r\sin\theta)\,r\mathrm{d}r\mathrm{d}\theta=\int_0^{2\pi}\mathrm{d}\theta\int_0^{r(\theta)}f(r\cos\theta,r\sin\theta)\,r\mathrm{d}r.$$

二重积分的计算方法体现了化繁为简的思维，这对提升我们解决问题的能力具有重要意义.

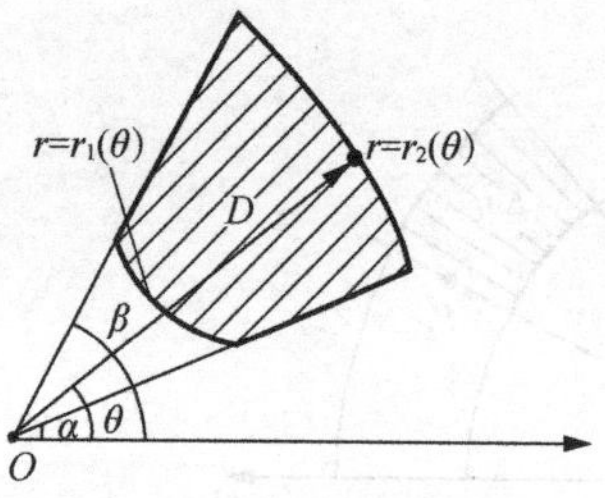


图 8.15

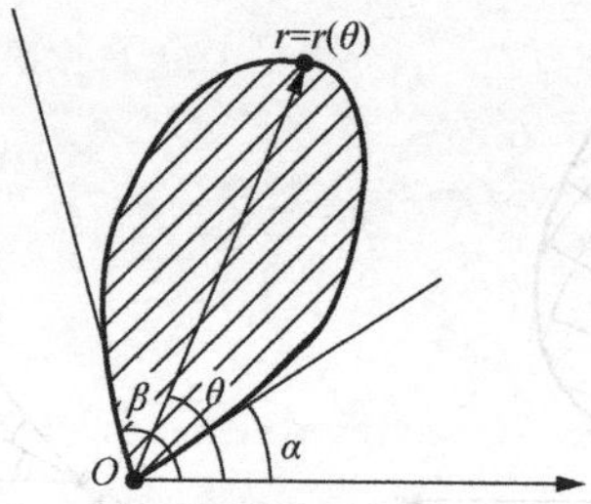


图 8.16

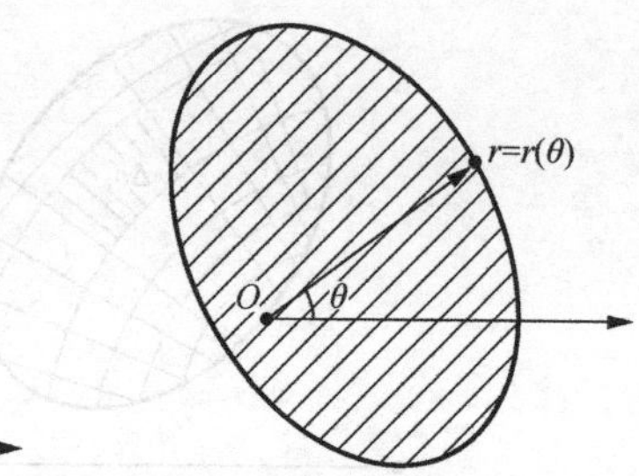


图 8.17

**例 4**　计算 $\iint\limits_{D}(x^2+y^2)^2\mathrm{d}\sigma$，其中 $D=\{(x,y)\mid x^2+y^2\leqslant 1, x\geqslant 0, y\geqslant 0\}$.

**解**　积分区域 $D$ 是圆心在极点、半径 $r=1$ 的圆域在第一象限的部分，所以有

$$\iint\limits_{D}(x^2+y^2)^2\mathrm{d}\sigma=\iint\limits_{D}r^4\cdot r\mathrm{d}r\mathrm{d}\theta=\int_0^{\frac{\pi}{2}}\mathrm{d}\theta\int_0^1 r^5\mathrm{d}r=\frac{\pi}{12}.$$

**例 5**　计算 $\iint\limits_{D}\arctan\frac{y}{x}\mathrm{d}x\mathrm{d}y$，其中 $D=\{(x,y)\mid 1\leqslant x^2+y^2\leqslant 4, x\geqslant 0, y\geqslant 0\}$.

**解**　画出积分区域 $D$，如图 8.18 所示. 在极坐标系下 $D$ 可以表示为$\left\{(r,\theta)\,\middle|\,0\leqslant\theta\leqslant\frac{\pi}{2}, 1\leqslant r\leqslant 2\right\}$.

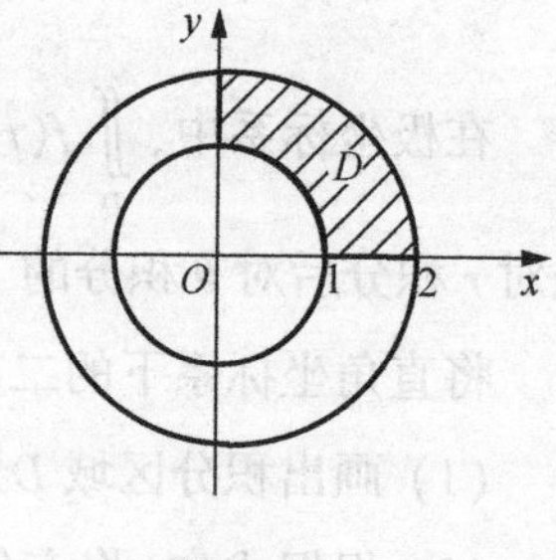


图 8.18

由 $\tan\theta=\frac{y}{x}$，$0\leqslant\theta\leqslant\frac{\pi}{2}$得

$$\arctan\frac{y}{x}=\theta,$$

所以 $\iint\limits_{D}\arctan\frac{y}{x}\mathrm{d}x\mathrm{d}y=\int_0^{\frac{\pi}{2}}\mathrm{d}\theta\int_1^2\theta\cdot r\mathrm{d}r=\frac{3\pi^2}{16}.$

## 习题 8.4

1. 利用二重积分的意义计算下列二重积分：

(1) $\iint\limits_{D}\mathrm{d}\sigma$，其中 $D=\{(x,y)\mid 0\leqslant x\leqslant 2, 1\leqslant y\leqslant 3\}$；

(2) $\iint\limits_{D}\sqrt{1-x^2-y^2}\,\mathrm{d}\sigma$，其中 $D=\{(x,y)\mid x^2+y^2\leqslant 1\}$.

2. 计算下列二次积分：

(1) $\int_0^1\mathrm{d}x\int_0^x(x+2y)\mathrm{d}y$；　　(2) $\int_1^2\mathrm{d}y\int_y^2 xy\,\mathrm{d}x$.

3. 在直角坐标系下计算下列二重积分：

(1) $\iint\limits_D (2x+3y^2)\mathrm{d}\sigma$，其中

$$D=\{(x,y)\mid 0\leqslant x\leqslant 2,-1\leqslant y\leqslant 1\};$$

(2) $\iint\limits_D \frac{2y}{x^2+2}\mathrm{d}\sigma$，其中

$$D=\{(x,y)\mid 0\leqslant x\leqslant 1,0\leqslant y\leqslant \sqrt{x}\}.$$

4. 画出二次积分 $\int_0^1 \mathrm{d}y\int_y^{\sqrt{y}} f(x,y)\mathrm{d}x$ 的积分区域，并求出交换积分次序后的二次积分表达式.

*5. 在极坐标系下计算下列二重积分：

(1) $\iint\limits_D (x^2y)\mathrm{d}\sigma$，其中 $D=\{(x,y)\mid x^2+y^2\leqslant 1\}$；

(2) $\iint\limits_D \mathrm{e}^{x^2+y^2}\mathrm{d}\sigma$，其中 $D=\{(x,y)\mid 1\leqslant x^2+y^2\leqslant 9\}$.

# 8.5 二重积分的应用

**学习目标**

1. 掌握二重积分在几何上的应用.
2. 掌握二重积分在物理上的应用.
3. 了解二重积分模型的应用.

二重积分在几何学、物理学、工程技术中都有重要应用.

一般地，所求量 $F$ 与有界闭域 $D$ 及 $D$ 上的连续函数 $f(x,y)$ 有关，且在 $D$ 上具有可加性，则 $F$ 可以用二重积分来计算. 用二重积分的微元法求量 $F$ 的步骤如下：

(1) 在有界闭域 $D$ 上任取一小区域 $\mathrm{d}\sigma$；

(2) 在小区域 $\mathrm{d}\sigma$ 上表示出所求量的微元 $\mathrm{d}F$；

(3) 在有界闭域 $D$ 上对微元 $\mathrm{d}F$ 取二重积分，即可求得量

$$F=\iint\limits_D f(x,y)\mathrm{d}\sigma.$$

下面主要介绍二重积分在几何上和物理上的应用.

## 8.5.1　二重积分在几何上的应用

设空间曲面 $C$ 的方程为 $z=f(x,y)$，则以空间曲面 $C$ 为顶、以曲面 $C$ 在 $xOy$ 平面上的投影区域 $D_{xy}$ 为底的空间曲顶柱体的体积为曲面 $C$ 在区域 $D_{xy}$ 上的二重积分.

**例 1**　求平面 $x=0,y=0,x=1,y=1$ 所围成的柱体被平面 $z=0$ 及 $2x+3y+z=6$ 所截得的立体的体积 $V$.

**解**　如图 8.19 所示，这个立体是以平面 $z=6-2x-3y$ 为顶、以区域 $D=\{(x,y)\mid 0\leqslant x\leqslant 1,0\leqslant y\leqslant 1\}$ 为底面的曲顶柱体，由二重积分的几何意义，得

$$V=\iint_D(6-2x-3y)\,d\sigma=\int_0^1 dx\int_0^1(6-2x-3y)\,dy=\frac{7}{2}.$$

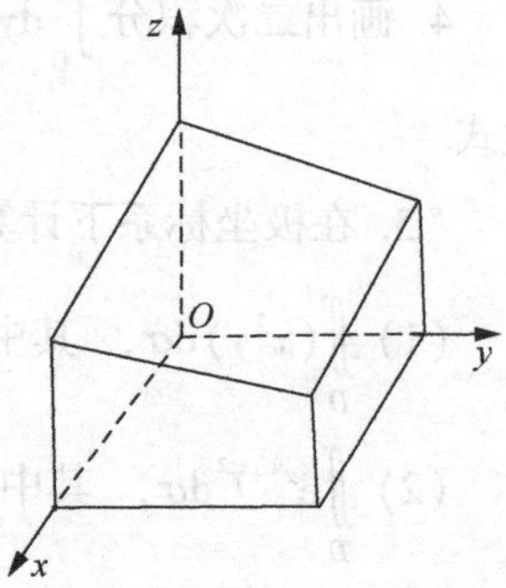

图 8.19

## 8.5.2　二重积分在物理上的应用

二重积分在物理上的应用比较多，这里仅介绍用二重积分求平面薄板的质量与质心.

设在 $xOy$ 平面上有 $n$ 个质点，分别位于 $(x_i,y_i)(i=1,2,\cdots,n)$ 处，它们的质量分别为 $m_i(i=1,2,\cdots,n)$. 由物理学知识知，该质点系的质心坐标为

$$\bar{x}=\frac{M_y}{m},\bar{y}=\frac{M_x}{m},$$

其中 $M_y=\sum\limits_{i=1}^{n}m_ix_i,M_x=\sum\limits_{i=1}^{n}m_iy_i$ 分别称为质点系对 $y$ 轴和 $x$ 轴的静力矩，$m=\sum\limits_{i=1}^{n}m_i$ 为质点系的总质量.

设有一平面薄板在 $xOy$ 平面内所占的区域为 $D$，其面密度为区域 $D$ 上的连续函数 $\rho(x,y)$，现在来求它的质量与质心坐标.

在区域 $D$ 内任取一个小区域 $d\sigma$，在小区域 $d\sigma$ 上任取一点 $(x,y)$，则相应于小区域 $d\sigma$ 上薄板质量的近似值为 $\rho(x,y)d\sigma$，即质量为 $dm=\rho(x,y)d\sigma$. 所以，平面薄板的质量为

$$m=\iint_D\rho(x,y)\,d\sigma. \tag{1}$$

类似地，相应于小区域 $d\sigma$ 上的薄板对 $x$ 轴和 $y$ 轴的静力矩的近似值分别为

$$y\,dm=y\rho(x,y)\,d\sigma \text{ 和 } x\,dm=x\rho(x,y)\,d\sigma,$$

即

$$dM_x = y\rho(x,y)\,d\sigma, dM_y = x\rho(x,y)\,d\sigma.$$

于是, $M_x = \iint\limits_D y\rho(x,y)\,d\sigma, M_y = \iint\limits_D x\rho(x,y)\,d\sigma$. 所以平面薄板质心的坐标为

$$\bar{x} = \frac{\iint\limits_D x\rho(x,y)\,d\sigma}{\iint\limits_D \rho(x,y)\,d\sigma}, \bar{y} = \frac{\iint\limits_D y\rho(x,y)\,d\sigma}{\iint\limits_D \rho(x,y)\,d\sigma}. \tag{2}$$

特别地，当薄板是均匀的，即 $\rho$ 是常数时，薄板的质心又称为形心，其坐标为

$$\bar{x} = \frac{1}{A}\iint\limits_D x\,d\sigma, \bar{y} = \frac{1}{A}\iint\limits_D y\,d\sigma,$$

其中 $A$ 为平面薄板的面积.

**例 2** 设平面薄板所占区域 $D$ 由抛物线 $y=x^2$ 和直线 $y=x$ 所围成，如图 8.20 所示，它在点 $(x,y)$ 处的面密度 $\rho=2xy$，求该平面薄板的质量和质心坐标.

**解** 由式(1)得

$$m = \iint\limits_D 2xy\,d\sigma = \int_0^1 dx\int_{x^2}^x 2xy\,dy = \frac{1}{12}.$$

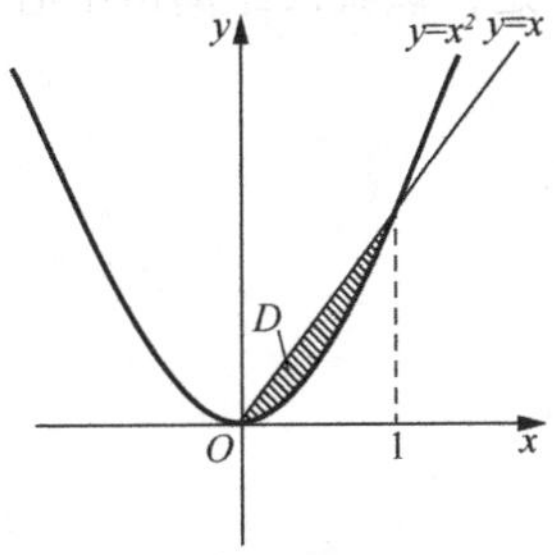

图 8.20

由式(2)得

$$\bar{x} = \frac{M_y}{m} = 12\iint\limits_D x\cdot 2xy\,d\sigma = 12\int_0^1 dx\int_{x^2}^x 2x^2y\,dy = \frac{24}{35},$$

$$\bar{y} = \frac{M_x}{m} = 12\iint\limits_D y\cdot 2xy\,d\sigma = 12\int_0^1 dx\int_{x^2}^x 2xy^2\,dy = \frac{3}{5}.$$

故平面薄板的质量为 $\frac{1}{12}$，质心坐标为 $\left(\frac{24}{35},\frac{3}{5}\right)$.

### 8.5.3 二重积分模型的应用

在对人口的统计中发现，每个城市的市中心人口密度最大. 离市中心越远，人口越稀少，密度越小. 最为常见的人口密度(每平方千米内的人口数)模型为 $\rho=ke^{-ar^2}$，其中 $k,a$ 为正常数，$r$ 是考察点与市中心的距离. 为简便起见，设市中心位于坐标原点，城市的任一点 $P(x,y)$ 到原点的距离为 $r=\sqrt{x^2+y^2}$. 已知某城市市中心 $r=0$ 处的人口密度为 $\rho=10^5$，距离市中心 1km 处的人口密度为 $\rho=\frac{10^5}{e}$.

(1) 求该城市的人口密度函数.

(2) 求该城市距离市中心 $r$ 处范围内的人口总数模型.

(3) 求该城市距离市中心 20km 处范围内的人口总数.

**解** (1)由 $r=0,\rho=10^5$，得 $k=10^5$；由 $r=1,\rho=\dfrac{10^5}{e}$，得 $a=1$.

因此，该城市的人口密度函数为

$$\rho=100\ 000e^{-(x^2+y^2)}.$$

(2) 相应的人口分布区域为 $D:0\leqslant\sqrt{x^2+y^2}\leqslant r$. 在 $D$ 内的一块"微小"区域 $d\sigma$ 内的人口数为

$$\rho d\sigma=100\ 000e^{-(x^2+y^2)}dxdy.$$

于是，所求的人口总数模型为

$$R=\iint\limits_D 100\ 000e^{-(x^2+y^2)}dxdy.$$

(3) $r=20$，相应的人口分布区域为 $D:0\leqslant\sqrt{x^2+y^2}\leqslant 20$，可以将 $D$ 表示为

$$0\leqslant\theta\leqslant 2\pi,0\leqslant r\leqslant 20.$$

于是，该城市距离市中心 20km 处范围内的人口总数为

$$\begin{aligned}R&=\iint\limits_D 100\ 000e^{-(x^2+y^2)}dxdy\\&=100\ 000\iint\limits_D e^{-r^2}rdrd\theta\\&=100\ 000\int_0^{2\pi}d\theta\int_0^{20}e^{-r^2}rdr\\&=100\ 000\times\left(-\frac{1}{2}\right)\int_0^{2\pi}d\theta\int_0^{20}e^{-r^2}d(-r^2)\\&=-50\ 000\int_0^{2\pi}(e^{-400}-1)d\theta\\&=-50\ 000\times(e^{-400}-1)\times 2\pi\\&\approx 314\ 160.\end{aligned}$$

如果将学生毕业时的综合素质作为研究对象，那么重积分的表达式就体现了学生在 3 年成长过程中积少成多、集腋成裘的成长规律. 在相同的在校时间内，由于每个人在科学知识、社会实践、科技创新、习惯养成、文化熏陶等方面获取和积累的不同，导致个体间综合素质存在较大差异，未来职业发展状态也不一样.

## 习题 8.5

1. 计算由平面 $x=0,y=0,x=1,y=2$ 所围成的柱体被平面 $z=0,2x+y+z=5$ 所截得的立体的体积.

2. 求球体 $x^2+y^2+z^2=16$ 被平面 $z=2$ 所截得的上半部分立体的体积.

3. 一平面薄板的边界曲线方程为 $x=y^2$, $y=x-2$，面密度函数为 $\rho=3$，求该平面薄板的质量 $m$ 及其形心坐标.

# 8.6 多元函数微积分问题的 MATLAB 实现

**学习目标**

1. 学会运用 MATLAB 求二元函数的偏导数.
2. 学会运用 MATLAB 求二重积分.

## 8.6.1 用 MATLAB 求二元函数的偏导数

**例 1** 设函数 $z=e^{x^2+y^2}$，求 $\frac{\partial z}{\partial x},\frac{\partial z}{\partial y}$ .

相关命令和运行结果如下.

```
>> syms x y z
z=exp(x^2+y^2);
 zx=diff(z,'x')
 zy=diff(z,'y')
zx =
2 * x * exp(x^2+y^2)
zy =
2 * y * exp(x^2+y^2)
```

**例 2** 设函数 $z=x^3\cos y$，求 $\frac{\partial z}{\partial x},\frac{\partial z}{\partial y}$ .

相关命令和运行结果如下.

```
>> syms x y z
>> z=x^3 * cos(y);
>> zx=diff(z,'x')
```

```
zx =
3 * x^2 * cos(y)
>> zy=diff(z,'y')
zy =
-x^3 * sin(y)
```

**例 3**　设函数 $z=x^2\ln(2x+3y)$，求 $\frac{\partial^2 z}{\partial x^2},\frac{\partial^2 z}{\partial x\partial y},\frac{\partial^2 z}{\partial y^2}$.

相关命令和运行结果如下.

```
>> syms x y z
>> z=x^2 * log(2 * x+3 * y);
>> zx=diff(z,'x')
zx =
  2 * x * log(2 * x+3 * y)+2 * x^2/(2 * x+3 * y)
>> zy=diff(z,'y')
zy =
3 * x^2/(2 * x+3 * y)
>> zx2=diff(zx,'x')
zx2 =
2 * log(2 * x+3 * y)+8 * x/(2 * x+3 * y)-4 * x^2/(2 * x+3 * y)^2
>>zxy=diff(zx,'y')
zxy =
6 * x/(2 * x+3 * y)-6 * x^2/(2 * x+3 * y)^2
>> zy2=diff(zy,'y')
zy2 =
-9 * x^2/(2 * x+3 * y)^2
```

### 8.6.2　用 MATLAB 求二重积分

**例 4**　$\iint\limits_D x^2 y\mathrm{d}\sigma$，其中 $D$ 是由直线 $y=4,y=x,y=4x$ 所围成的区域.

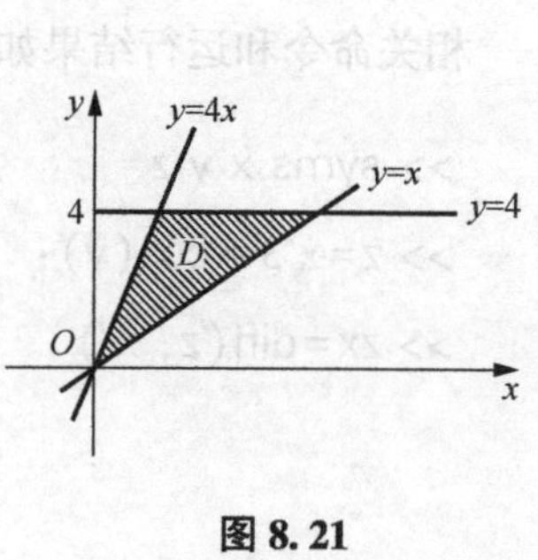


图 8.21

**分析**　如图 8.21 所示，积分区域为 $Y$ 型区域 $D=\left\{(x,y)\left|0\leqslant y\leqslant 4,\frac{1}{4}y\leqslant x\leqslant y\right.\right\}$，于是原二重积分可化为先对 $x$

后对 $y$ 的累次积分，即

$$\iint_D x^2 y \mathrm{d}\sigma = \iint_D x^2 y \mathrm{d}x\mathrm{d}y = \int_0^4 \mathrm{d}y \int_{\frac{y}{4}}^{y} x^2 y \mathrm{d}x.$$

用 MATLAB 求解如下.

```
>> syms x y
>> int(int('x^2 * y','x',y/4,y),'y',0,4)
ans =
336/5
```

**例 5** 用 MATLAB 求解 $A = \int_0^{2\pi} \mathrm{d}\theta \int_0^5 \mathrm{e}^{-r^2} r \mathrm{d}r$.

相关命令和运行结果如下.

```
syms sita r
>> A=int(int('exp(-r^2) * r','r',0,5),'sita',0,2 * pi);
 simple(A)
ans =
pi-exp(-25) * pi
```

结果为 $\pi-\mathrm{e}^{-25}\pi$.

## 习题 8.6

1. 用 MATLAB 求下列函数的偏导数 $\frac{\partial z}{\partial x}, \frac{\partial z}{\partial y}$：

(1) $z=(x+1)^2-(y-1)^2$；　　(2) $z=\ln(xy+y^2)$.

2. 设函数 $z=\mathrm{e}^{xy+x^2}$，用 MATLAB 求 $\frac{\partial^2 z}{\partial x^2}, \frac{\partial^2 z}{\partial x \partial y}, \frac{\partial^2 z}{\partial y^2}$.

3. 某工厂准备生产两种型号的机器，其产量分别为 $x$ 台和 $y$ 台，总成本函数为

$$C(x,y)=6x^2+3y^2 (\text{万元}).$$

根据市场预测，需要生产这两种机器共 18 台，问：这两种机器各生产多少台，才能使总成本最小？(用 MATLAB 求解.)

4. 用 MATLAB 计算 $\iint_D (2x+y)\mathrm{d}\sigma$，其中 $D$ 是由直线 $x=2, y=x, y=2x$ 所围成的区域.

5. 用 MATLAB 计算 $\iint \mathrm{e}^{x^2+y^2}\mathrm{d}x\mathrm{d}y$，其中 $D$ 是圆域 $x^2+y^2 \leqslant 1$.

# 复习题八

一、判断题.

1. 函数 $z=f(x,y)$ 在区域 $D$ 上连续，则其在 $D$ 上的偏导数必存在.　(　　)

2. 若函数 $z=f(x,y)$ 在点 $(x_0,y_0)$ 处的两个偏导数都存在，则 $\mathrm{d}z=\frac{\partial z}{\partial x}\mathrm{d}x+\frac{\partial z}{\partial y}\mathrm{d}y$.　(　　)

3. 极值点一定是连续点.　(　　)

4. 函数 $z=x^2-y^2$ 无极小值为 0.　(　　)

5. 等式 $\int_0^1 \mathrm{d}x\int_0^{x^2} f(x,y)\,\mathrm{d}y=\int_0^1 \mathrm{d}y\int_0^{y^2} f(x,y)\,\mathrm{d}x$ 成立.　(　　)

二、填空题.

1. 设 $f(x+y,x-y)=x^2+y^2$，则 $f(x,y)=$____________.

2. $\lim\limits_{\substack{x\to 0\\ y\to 0}}\frac{\sin(xy)}{x}=$____________.

3. 设 $z=f\left(\frac{x}{y}\right)z=f\left(\frac{y}{x}\right)$，则 $\mathrm{d}z=$____________.

4. $4z=x^2+y^2+2x$ 的驻点是____________.

5. 二重积分在极坐标系中的面积元素为____________.

三、选择题.

1. 函数 $f(x,y)=\frac{x^2+y^2}{x^2-y^2}$ 的定义域是(　　).

A. $\{(x,y)\mid x^2-y^2\neq 0\}$　　B. $\{(x,y)\mid x^2+y^2\neq 0\}$

C. $\{(x,y)\mid x^2-y^2>0\}$　　D. $\{(x,y)\mid x^2-y^2<0\}$

2. 由方程 $\mathrm{e}^z=xyz$ 确定的隐函数 $z=f(x,y)$ 的偏导数 $\frac{\partial z}{\partial x}=$(　　).

A. $\frac{yz}{xy-\mathrm{e}^z}$　　B. $\frac{yz}{\mathrm{e}^z-xy}$　　C. $\frac{xz}{\mathrm{e}^z-xy}$　　D. $\frac{xz}{xy-\mathrm{e}^z}$

3. 设函数 $z=f(x,y)$ 在点 $P(x_0,y_0)$ 处的两个偏导数都存在，则 $z=f(x,y)$ 在点 $P$ 处(　　).

A. 连续　　B. 可微　　C. 不一定连续　　D. 一定不连续

4. 函数 $f(x,y)=y^3-x^3-3y^2+3x-9y$ 的极值点是(　　).

A. $(-1,-3)$　　B. $(1,3)$　　C. $(1,-1)$　　D. $(-1,-1)$

5. 设函数 $z=1-\sqrt{x^2+y^2}$，则点$(0,0)$是函数 $z$ 的(　　).

A. 极小值点但非最小值点　　　　B. 极小值点且是最小值点

C. 极大值点但非最大值点　　　　D. 极大值点且是最大值点

四、计算题.

1. 求函数 $z=x^3y-3x^2y^3$ 的二阶偏导数.

2. 求函数 $z=x^2-xy+y^2-2x+y$ 的极值.

3. 计算二重积分 $\iint\limits_D (2x+y)\,d\sigma$，其中 $D$ 由 $y=0, x=0, x+y=3$ 围成 .

4. 利用二重积分计算由曲线 $y=x^2$ 与 $y=2x-x^2$ 所围成的图形的面积.

5. 制造一个容积为 $324\text{cm}^3$ 的长方体盒子，其底部材料的价格是顶部与侧面材料价格的 2 倍，问：各边边长为多少时，其造价最低？

# 第 9 章　线性代数

在日常生活、科学研究、工程技术、经济管理中，经常会遇到解线性方程组的问题. 行列式和矩阵是解决线性方程组问题的重要工具. 本章主要介绍行列式和矩阵的概念及相关计算，以及应用这一工具解线性方程组.

## 9.1　行列式

**学习目标**

1. 掌握二阶行列式的计算方法.
2. 掌握三阶行列式的计算方法.
3. 掌握 $n$ 阶行列式的性质.
4. 能用行列式的性质计算高阶行列式.
5. 能用克拉默法则求解含 $n$ 个未知量、$n$ 个方程且系数行列式不为零的线性方程组.

### 9.1.1　二阶、三阶行列式

**1. 二阶行列式**

下面先介绍二元一次方程组的解法，其一般形式为

$$\begin{cases} a_{11}x_1+a_{12}x_2=b_1, \\ a_{21}x_1+a_{22}x_2=b_2, \end{cases}$$

其中 $a_{11},a_{12},a_{21},a_{22},b_1,b_2$都是常数. 当 $a_{11}a_{22}-a_{12}a_{21}\neq 0$ 时，用消元法可以求得其解为

$$\begin{cases} x_1=\dfrac{b_1a_{22}-b_2a_{12}}{a_{11}a_{22}-a_{12}a_{21}}, \\ x_2=\dfrac{b_2a_{11}-b_1a_{21}}{a_{11}a_{22}-a_{12}a_{21}}. \end{cases}$$

为了便于记忆和研究这个公式，下面引入二阶行列式的概念.

**定义 1** 把 $2^2$ 个数 $a_{11},a_{12},a_{21},a_{22}$ 排成

$$\begin{vmatrix} a_{11} & a_{12} \\ a_{21} & a_{22} \end{vmatrix}, \tag{1}$$

叫作二阶行列式，记作 $D$. 其中，$a_{11},a_{12},a_{21},a_{22}$ 叫作行列式的元素，$a_{11},a_{22}$ 所在的位置叫作行列式的**主对角线**，$a_{12},a_{21}$ 所在的位置叫作行列式的**副对角线**，$a_{11}a_{22}-a_{12}a_{21}$ 称为该行列式的**展开式**. 即

$$D=\begin{vmatrix} a_{11} & a_{12} \\ a_{21} & a_{22} \end{vmatrix}=a_{11}a_{22}-a_{12}a_{21}.$$

**对角线法则：**二阶行列式等于主对角线两个元素之积减去副对角线两个元素之积.

利用二阶行列式的对角线展开式可将上述方程组的解表示为

$$x_1=\frac{\begin{vmatrix} b_1 & a_{12} \\ b_2 & a_{22} \end{vmatrix}}{\begin{vmatrix} a_{11} & a_{12} \\ a_{21} & a_{22} \end{vmatrix}}=\frac{D_1}{D},$$

$$x_2=\frac{\begin{vmatrix} a_{11} & b_1 \\ a_{21} & b_2 \end{vmatrix}}{\begin{vmatrix} a_{11} & a_{12} \\ a_{21} & a_{22} \end{vmatrix}}=\frac{D_2}{D}(D\neq 0).$$

**例 1** 计算下列行列式的值：

(1) $\begin{vmatrix} 3 & 4 \\ 5 & 8 \end{vmatrix}$； (2) $\begin{vmatrix} 1 & 0 \\ 3 & 5 \end{vmatrix}$.

**解** (1) $\begin{vmatrix} 3 & 4 \\ 5 & 8 \end{vmatrix}=3\times 8-4\times 5=4$;

(2) $\begin{vmatrix} 1 & 0 \\ 3 & 5 \end{vmatrix}=1\times 5-0\times 3=5$.

**例 2** 利用二阶行列式解方程组 $\begin{cases} 3x_1+4x_2=3, \\ 2x_1+3x_2=5. \end{cases}$

**解** $D=\begin{vmatrix} 3 & 4 \\ 2 & 3 \end{vmatrix}=9-8=1\neq 0, D_1=\begin{vmatrix} 3 & 4 \\ 5 & 3 \end{vmatrix}=9-20=-11, D_2=\begin{vmatrix} 3 & 3 \\ 2 & 5 \end{vmatrix}=15-6=9$,

于是，其解为 $\begin{cases} x_1=\dfrac{D_1}{D}=-11, \\ x_2=\dfrac{D_2}{D}=9. \end{cases}$

**2. 三阶行列式**

与二元一次方程组类似，为解三元一次方程组，下面引进三阶行列式的概念.

**定义2** 把 $3^2$ 个数 $a_{ij}(i=1,2,3;j=1,2,3)$ 排成

$$\begin{vmatrix} a_{11} & a_{12} & a_{13} \\ a_{21} & a_{22} & a_{23} \\ a_{31} & a_{32} & a_{33} \end{vmatrix}, \tag{2}$$

叫作三阶行列式，通常用 $D$ 表示.

**元素 $a_{ij}$ 的余子式**：在式(2)中，划去元素 $a_{ij}(i=1,2,3;j=1,2,3)$ 所在的第 $i$ 行和第 $j$ 列的所有元素，剩下的元素按照它原有的位置不变得到的一个二阶行列式称为元素 $a_{ij}$ 的**余子式**，记作 $M_{ij}$.

**元素 $a_{ij}$ 的代数余子式**：称 $(-1)^{i+j}M_{ij}$ 为元素 $a_{ij}$ 的**代数余子式**，记作 $A_{ij}$，即 $A_{ij}=(-1)^{i+j}M_{ij}$.

例如，元素 $a_{21}$ 的余子式为

$$M_{21}=\begin{vmatrix} a_{12} & a_{13} \\ a_{32} & a_{33} \end{vmatrix};$$

元素 $a_{21}$ 的代数余子式为

$$A_{21}=(-1)^{2+1}\begin{vmatrix} a_{12} & a_{13} \\ a_{32} & a_{33} \end{vmatrix}=-\begin{vmatrix} a_{12} & a_{13} \\ a_{32} & a_{33} \end{vmatrix}.$$

**三阶行列式的展开式为**

$$\begin{vmatrix} a_{11} & a_{12} & a_{13} \\ a_{21} & a_{22} & a_{23} \\ a_{31} & a_{32} & a_{33} \end{vmatrix}=a_{11}A_{11}+a_{12}A_{12}+a_{13}A_{13}. \tag{3}$$

**例3** 计算行列式 $D=\begin{vmatrix} 1 & 3 & 1 \\ 2 & 1 & 4 \\ 5 & 6 & 8 \end{vmatrix}$ 的值.

**解** 由三阶行列式的展开式(3)得

$$D=1\times(-1)^{1+1}\begin{vmatrix} 1 & 4 \\ 6 & 8 \end{vmatrix}+3\times(-1)^{1+2}\begin{vmatrix} 2 & 4 \\ 5 & 8 \end{vmatrix}+1\times(-1)^{1+3}\begin{vmatrix} 2 & 1 \\ 5 & 6 \end{vmatrix}=3.$$

## 9.1.2 *n* 阶行列式

**定义3** 把 $n^2$ 个数 $a_{ij}(i,j=1,2,\cdots,n)$ 排成 $n$ 行 $n$ 列，即如下形式：

$$D=\begin{vmatrix} a_{11} & a_{12} & \cdots & a_{1n} \\ a_{21} & a_{22} & \cdots & a_{2n} \\ \vdots & \vdots & & \vdots \\ a_{n1} & a_{n2} & \cdots & a_{nn} \end{vmatrix}.$$

称其为 $n$ 阶行列式. 把 $n>3$ 的行列式称为**高阶行列式**.

**$n$ 阶行列式的展开式为**

$$D=a_{11}A_{11}+a_{12}A_{12}+\cdots+a_{1n}A_{1n}. \tag{4}$$

式(4)的右端称为 $n$ 阶行列式按第一行展开的展开式.

**例 4** 计算下列行列式的值:

(1) $\begin{vmatrix} 1 & 0 & -1 & 2 \\ 0 & 1 & 0 & 0 \\ 2 & 0 & 0 & 3 \\ 0 & 0 & 0 & 1 \end{vmatrix}$; (2) $\begin{vmatrix} a & 0 & 0 & 0 \\ 0 & b & 0 & 0 \\ 2 & 0 & c & 0 \\ 1 & 3 & 1 & d \end{vmatrix}$.

**解** (1) $\begin{vmatrix} 1 & 0 & -1 & 2 \\ 0 & 1 & 0 & 0 \\ 2 & 0 & 0 & 3 \\ 0 & 0 & 0 & 1 \end{vmatrix}=1\times(-1)^{1+1}\begin{vmatrix} 1 & 0 & 0 \\ 0 & 0 & 3 \\ 0 & 0 & 1 \end{vmatrix}+0\times(-1)^{1+2}\begin{vmatrix} 0 & 0 & 0 \\ 2 & 0 & 3 \\ 0 & 0 & 1 \end{vmatrix}+$

$$(-1)\times(-1)^{1+3}\begin{vmatrix} 0 & 1 & 0 \\ 2 & 0 & 3 \\ 0 & 0 & 1 \end{vmatrix}+2\times(-1)^{1+4}\begin{vmatrix} 0 & 1 & 0 \\ 2 & 0 & 0 \\ 0 & 0 & 0 \end{vmatrix}$$

$$=\begin{vmatrix} 1 & 0 & 0 \\ 0 & 0 & 3 \\ 0 & 0 & 1 \end{vmatrix}-\begin{vmatrix} 0 & 1 & 0 \\ 2 & 0 & 3 \\ 0 & 0 & 1 \end{vmatrix}-2\begin{vmatrix} 0 & 1 & 0 \\ 2 & 0 & 0 \\ 0 & 0 & 0 \end{vmatrix}=2.$$

(2) $\begin{vmatrix} a & 0 & 0 & 0 \\ 0 & b & 0 & 0 \\ 2 & 0 & c & 0 \\ 1 & 3 & 1 & d \end{vmatrix}=a\cdot(-1)^2\begin{vmatrix} b & 0 & 0 \\ 0 & c & 0 \\ 3 & 1 & d \end{vmatrix}=a\cdot\begin{vmatrix} b & 0 & 0 \\ 0 & c & 0 \\ 3 & 1 & d \end{vmatrix}$

$$=ab\cdot(-1)^2\begin{vmatrix} c & 0 \\ 1 & d \end{vmatrix}=abcd.$$

把(2)的行列式称为下三角行列式，其特点是主对角线以上元素全为零，其值等于主对角线元素的乘积.

一般地，有

$$\begin{vmatrix} a_{11} & 0 & 0 & \cdots & 0 \\ a_{21} & a_{22} & 0 & \cdots & 0 \\ a_{31} & a_{32} & a_{33} & \cdots & 0 \\ \vdots & \vdots & \vdots & & \vdots \\ a_{n1} & a_{n2} & a_{n3} & \cdots & a_{nn} \end{vmatrix} = \begin{vmatrix} a_{11} & a_{12} & a_{13} & \cdots & a_{1n} \\ 0 & a_{22} & a_{23} & \cdots & a_{2n} \\ 0 & 0 & a_{33} & \cdots & a_{3n} \\ \vdots & \vdots & \vdots & & \vdots \\ 0 & 0 & 0 & \cdots & a_{nn} \end{vmatrix} = a_{11}a_{22}\cdots a_{nn},$$

即三角行列式的值等于主对角线元素的乘积.

## 9.1.3 行列式的性质

从例4可以看出，对于4阶以上的行列式，运用式(4)直接进行计算非常复杂，为了简化行列式的计算，以三阶行列式为例，下面介绍行列式的一些重要性质，并利用这些性质来计算行列式.

**定义4** 设行列式 $D=\begin{vmatrix} a_{11} & a_{12} & \cdots & a_{1n} \\ a_{21} & a_{22} & \cdots & a_{2n} \\ \vdots & \vdots & & \vdots \\ a_{n1} & a_{n2} & \cdots & a_{nn} \end{vmatrix}$，将 $D$ 的行和列依次互换所得的行列式称为 $D$ 的转置行列式，记作 $D^{\mathrm{T}}$，即 $D^{\mathrm{T}}=\begin{vmatrix} a_{11} & a_{21} & \cdots & a_{n1} \\ a_{12} & a_{22} & \cdots & a_{n2} \\ \vdots & \vdots & & \vdots \\ a_{1n} & a_{2n} & \cdots & a_{nn} \end{vmatrix}$.

**性质1** 行列式与它的转置行列式的值相等，即 $D=D^{\mathrm{T}}$.

**性质2** 交换行列式的任意两行(列)所得的新行列式的值等于原行列式值的相反数.

例如，交换 $D$ 的第一行和第二行，有

$$\begin{vmatrix} a_{21} & a_{22} & \cdots & a_{2n} \\ a_{11} & a_{12} & \cdots & a_{1n} \\ \vdots & \vdots & & \vdots \\ a_{n1} & a_{n2} & \cdots & a_{nn} \end{vmatrix} = -\begin{vmatrix} a_{11} & a_{12} & \cdots & a_{1n} \\ a_{21} & a_{22} & \cdots & a_{2n} \\ \vdots & \vdots & & \vdots \\ a_{n1} & a_{n2} & \cdots & a_{nn} \end{vmatrix}.$$

如果行列式 $D$ 中有两行(列)的对应元素都相等，交换这两行(列)后得到的行列式还是 $D$，由性质2，有 $D=-D$，因此，有推论1.

**推论1** 若行列式中两行(列)对应元素完全相同，则行列式的值为0.

例如，$\begin{vmatrix} a_{11} & a_{12} & \cdots & a_{1n} \\ a_{11} & a_{12} & \cdots & a_{1n} \\ \vdots & \vdots & & \vdots \\ a_{n1} & a_{n2} & \cdots & a_{nn} \end{vmatrix}=0.$

**性质 3** 行列式中某行(列)的各元素有公因子 $k$ 时，可将 $k$ 提到行列式符号的外面.

例如，
$$\begin{vmatrix} a_{11} & ka_{12} & \cdots & a_{1n} \\ a_{21} & ka_{22} & \cdots & a_{2n} \\ \vdots & \vdots & & \vdots \\ a_{n1} & ka_{n2} & \cdots & a_{nn} \end{vmatrix} = k \begin{vmatrix} a_{11} & a_{12} & \cdots & a_{1n} \\ a_{21} & a_{22} & \cdots & a_{2n} \\ \vdots & \vdots & & \vdots \\ a_{n1} & a_{n2} & \cdots & a_{nn} \end{vmatrix}.$$

**推论 2** 如果行列式有两行(列)元素对应成比例，则该行列式的值为 0.

**性质 4**
$$\begin{vmatrix} a_{11} & a_{12} & \cdots & a_{1n} \\ \vdots & \vdots & & \vdots \\ a_{i1}+b_{i1} & a_{i2}+b_{i2} & \cdots & a_{in}+b_{in} \\ \vdots & \vdots & & \vdots \\ a_{n1} & a_{n2} & \cdots & a_{nn} \end{vmatrix} = \begin{vmatrix} a_{11} & a_{12} & \cdots & a_{1n} \\ \vdots & \vdots & & \vdots \\ a_{i1} & a_{i2} & \cdots & a_{in} \\ \vdots & \vdots & & \vdots \\ a_{n1} & a_{n2} & \cdots & a_{nn} \end{vmatrix} + \begin{vmatrix} a_{11} & a_{12} & \cdots & a_{1n} \\ \vdots & \vdots & & \vdots \\ b_{i1} & b_{i2} & \cdots & b_{in} \\ \vdots & \vdots & & \vdots \\ a_{n1} & a_{n2} & \cdots & a_{nn} \end{vmatrix}.$$

**性质 5** 行列式 $D$ 的值等于它任意一行(列)的每一个元素与其对应的代数余子式乘积之和，即

$$D=a_{i1}A_{i1}+a_{i2}A_{i2}+\cdots+a_{in}A_{in}\text{（按第 } i \text{ 行展开，} i=1,2,\cdots,n\text{）},$$

或

$$D=a_{1j}A_{1j}+a_{2j}A_{2j}+\cdots+a_{nj}A_{nj}\text{（按第 } j \text{ 列展开，} j=1,2,\cdots,n\text{）}.$$

其中，$A_{ij}$ 为元素 $a_{ij}$ 的**代数余子式**.

例如，
$$\begin{vmatrix} 2 & 1 & -3 \\ 5 & -4 & 7 \\ 4 & 0 & 6 \end{vmatrix} = 1\times(-1)^{1+2}\begin{vmatrix} 5 & 7 \\ 4 & 6 \end{vmatrix} + (-4)\times(-1)^{2+2}\begin{vmatrix} 2 & -3 \\ 4 & 6 \end{vmatrix} + 0\times(-1)^{3+2}\begin{vmatrix} 2 & -3 \\ 5 & 7 \end{vmatrix}$$
$$=1\times(-2)+(-4)\times24+0\times(-29)=-98.$$

如果行列式的某一行元素全为零，则按此行展开，行列式为零. 于是有以下推论.

**推论 3** 如果行列式有一行(列)的元素都为零，则该行列式的值为 0.

**性质 6** 行列式的某行(列)的每一个元素的 $k$ 倍加到另外一行(列)所得到的新行列式与原行列式的值相等.

例如，
$$\begin{vmatrix} a_{11} & a_{12} & \cdots & a_{1n} \\ \vdots & \vdots & & \vdots \\ a_{i1}+ka_{j1} & a_{i2}+ka_{j2} & \cdots & a_{in}+ka_{jn} \\ \vdots & \vdots & & \vdots \\ a_{j1} & a_{j2} & \cdots & a_{jn} \\ \vdots & \vdots & & \vdots \\ a_{n1} & a_{n2} & \cdots & a_{nn} \end{vmatrix} = \begin{vmatrix} a_{11} & a_{12} & \cdots & a_{1n} \\ \vdots & \vdots & & \vdots \\ a_{i1} & a_{i2} & \cdots & a_{in} \\ \vdots & \vdots & & \vdots \\ a_{j1} & a_{j2} & \cdots & a_{jn} \\ \vdots & \vdots & & \vdots \\ a_{n1} & a_{n2} & \cdots & a_{nn} \end{vmatrix}.$$

为了便于书写，引进下列记法：

(1) 给 $i$ 行(列)乘以常数 $k$，记作 $kr_i(kc_i)$；

(2) 交换第 $i$ 行(列)和第 $j$ 行(列)，记作 $r_i \leftrightarrow r_j(c_i \leftrightarrow c_j)$；

(3) 把第 $j$ 行(列)的 $k$ 倍加到第 $i$ 行(列)，记作 $r_i+kr_j(c_i+kc_j)$.

**例 5**　利用行列式的性质计算下列行列式的值：

(1) $\begin{vmatrix} 1 & 2 & 0 \\ 2 & 5 & 9 \\ 1 & -2 & 4 \end{vmatrix}$；　(2) $\begin{vmatrix} -5 & 0 & 7 \\ 4 & 3 & 8 \\ 2 & 2 & 1 \end{vmatrix}$.

**解**　(1) $$\begin{vmatrix} 1 & 2 & 0 \\ 2 & 5 & 9 \\ 1 & -2 & 4 \end{vmatrix} \xlongequal[r_3+(-1)r_1]{r_2+(-2)r_1} \begin{vmatrix} 1 & 2 & 0 \\ 0 & 1 & 9 \\ 0 & -4 & 4 \end{vmatrix} \xlongequal{r_3+4r_2} \begin{vmatrix} 1 & 2 & 0 \\ 0 & 1 & 9 \\ 0 & 0 & 40 \end{vmatrix} = 1\times1\times40 = 40;$$

(2) $$\begin{vmatrix} -5 & 0 & 7 \\ 4 & 3 & 8 \\ 2 & 2 & 1 \end{vmatrix} \xlongequal[c_2+(-2)c_3]{c_1+(-2)c_3} \begin{vmatrix} -19 & -14 & 7 \\ -12 & -13 & 8 \\ 0 & 0 & 1 \end{vmatrix} \xlongequal{\text{按第 3 行展开}} 1\times(-1)^{3+3} \begin{vmatrix} -19 & -14 \\ -12 & -13 \end{vmatrix} = 79.$$

**例 6**　计算行列式 $\begin{vmatrix} 1 & 5 & 2 & 1 \\ 2 & 5 & 1 & 0 \\ 3 & 5 & 0 & 3 \\ -4 & -5 & 0 & 4 \end{vmatrix}$ 的值.

**解** $$\begin{vmatrix} 1 & 5 & 2 & 1 \\ 2 & 5 & 1 & 0 \\ 3 & 5 & 0 & 3 \\ -4 & -5 & 0 & 4 \end{vmatrix} = 5 \begin{vmatrix} 1 & 1 & 2 & 1 \\ 2 & 1 & 1 & 0 \\ 3 & 1 & 0 & 3 \\ -4 & -1 & 0 & 4 \end{vmatrix} \xlongequal[r_4+r_1]{r_2-r_1 \atop r_3-r_1} 5 \begin{vmatrix} 1 & 1 & 2 & 1 \\ 1 & 0 & -1 & -1 \\ 2 & 0 & -2 & 2 \\ -3 & 0 & 2 & 5 \end{vmatrix}$$

$$\xlongequal{\text{按第 2 列展开}} 5\times1\times(-1)^{1+2} \begin{vmatrix} 1 & -1 & -1 \\ 2 & -2 & 2 \\ -3 & 2 & 5 \end{vmatrix} \xlongequal[c_3+c_1]{c_2+c_1} -5 \begin{vmatrix} 1 & 0 & 0 \\ 2 & 0 & 4 \\ -3 & -1 & 2 \end{vmatrix}$$

$$\xlongequal{\text{按第 1 行展开}} -5\times1\times(-1)^{1+1} \begin{vmatrix} 0 & 4 \\ -1 & 2 \end{vmatrix} = -20.$$

**例 7**　计算行列式 $\begin{vmatrix} b & a & a & a \\ a & b & a & a \\ a & a & b & a \\ a & a & a & b \end{vmatrix}$ 的值.

**解** $\begin{vmatrix} b & a & a & a \\ a & b & a & a \\ a & a & b & a \\ a & a & a & b \end{vmatrix} \xlongequal[r_1+r_4]{\substack{r_1+r_2 \\ r_1+r_3}} \begin{vmatrix} 3a+b & 3a+b & 3a+b & 3a+b \\ a & b & a & a \\ a & a & b & a \\ a & a & a & b \end{vmatrix}$

$=(3a+b)\begin{vmatrix} 1 & 1 & 1 & 1 \\ a & b & a & a \\ a & a & b & a \\ a & a & a & b \end{vmatrix} \xlongequal[r_4-ar_1]{\substack{r_2-ar_1 \\ r_3-ar_1}} (3a+b)\begin{vmatrix} 1 & 1 & 1 & 1 \\ 0 & b-a & 0 & 0 \\ 0 & 0 & b-a & 0 \\ 0 & 0 & 0 & b-a \end{vmatrix}$

$=(3a+b)(b-a)^3.$

**例 8** 计算行列式 $\begin{vmatrix} 1 & 1 & 1 & 1 \\ a & b & c & d \\ a^2 & b^2 & c^2 & d^2 \\ a^3 & b^3 & c^3 & d^3 \end{vmatrix}$ 的值.

**解** $\begin{vmatrix} 1 & 1 & 1 & 1 \\ a & b & c & d \\ a^2 & b^2 & c^2 & d^2 \\ a^3 & b^3 & c^3 & d^3 \end{vmatrix} \xlongequal[r_2-ar_1]{\substack{r_4-ar_3 \\ r_3-ar_2}} \begin{vmatrix} 1 & 1 & 1 & 1 \\ 0 & b-a & c-a & d-a \\ 0 & b(b-a) & c(c-a) & d(d-a) \\ 0 & b^2(b-a) & c^2(c-a) & d^2(d-a) \end{vmatrix}$

$\xlongequal{\text{按第 1 列展开}} \begin{vmatrix} b-a & c-a & d-a \\ b(b-a) & c(c-a) & d(d-a) \\ b^2(b-a) & c^2(c-a) & d^2(d-a) \end{vmatrix}$

$\xlongequal{\text{提取公因子}} (b-a)(c-a)(d-a)\begin{vmatrix} 1 & 1 & 1 \\ b & c & d \\ b^2 & c^2 & d^2 \end{vmatrix}$

$\xlongequal[r_2-br_1]{r_3-br_2} (b-a)(c-a)(d-a)\begin{vmatrix} 1 & 1 & 1 \\ 0 & c-b & d-b \\ 0 & c(c-b) & d(d-b) \end{vmatrix}$

$=(b-a)(c-a)(d-a)\begin{vmatrix} c-b & d-b \\ c(c-b) & d(d-b) \end{vmatrix}$

$=(b-a)(c-a)(d-a)(c-b)(d-b)\begin{vmatrix} 1 & 1 \\ c & d \end{vmatrix}$

$=(b-a)(c-a)(d-a)(c-b)(d-b)(d-c).$

例 8 中利用行列式的性质，把某一行(列)的元素化为仅有一个非零元素，然后按这一行(列)展开. 这种方法称为降阶法，是求高阶行列式常用的方法.

### 9.1.4　克拉默法则

前面已经用二阶、三阶行列式求二元、三元线性方程组的解. 这里给出用 $n$ 阶行列式求 $n$ 元线性方程组的方法.

**定理**　(克拉默法则)设含有 $n$ 个未知数、$n$ 个方程的线性方程组为

$$\begin{cases} a_{11}x_1+a_{12}x_2+\cdots+a_{1n}x_n=b_1, \\ a_{21}x_1+a_{22}x_2+\cdots+a_{2n}x_n=b_1, \\ \qquad\vdots \\ a_{n1}x_1+a_{n2}x_2+\cdots+a_{nn}x_n=b_n, \end{cases} \tag{5}$$

其系数行列式为 $D=\begin{vmatrix} a_{11} & a_{12} & \cdots & a_{1n} \\ a_{21} & a_{22} & \cdots & a_{2n} \\ \vdots & \vdots & & \vdots \\ a_{n1} & a_{n2} & \cdots & a_{nn} \end{vmatrix}$，当 $D\neq0$ 时，方程组(5)有唯一解

$$x_1=\frac{D_1}{D},x_2=\frac{D_2}{D},\cdots,x_n=\frac{D_n}{D}.$$

其中，$D_j(j=1,2,\cdots,n)$是把 $D$ 中第 $j$ 列元素 $a_{1j},a_{2j},\cdots,a_{nj}$ 依次换成 $b_1,b_2,\cdots,b_n$ 后得到的行列式，即

$$D_j=\begin{vmatrix} a_{11} & a_{12} & \cdots & a_{1j-1} & b_1 & a_{1j+1} & \cdots & a_{1n} \\ a_{21} & a_{22} & \cdots & a_{2j-1} & b_2 & a_{2j+1} & \cdots & a_{2n} \\ \vdots & \vdots & & \vdots & \vdots & \vdots & & \vdots \\ a_{n1} & a_{n2} & \cdots & a_{nj-1} & b_n & a_{nj+1} & \cdots & a_{nn} \end{vmatrix}(j=1,2,\cdots,n).$$

**例 9**　用克拉默法则解方程组 $\begin{cases} x_1+\quad x_3=7, \\ 2x_1+x_2+x_3=10, \\ 3x_1+x_2+x_3=12. \end{cases}$

**解**　方程组的系数行列式

$$D=\begin{vmatrix} 1 & 0 & 1 \\ 2 & 1 & 1 \\ 3 & 1 & 1 \end{vmatrix}=-1\neq0,$$

所以方程组有唯一解.

$$D_1=\begin{vmatrix} 7 & 0 & 1 \\ 10 & 1 & 1 \\ 12 & 1 & 1 \end{vmatrix}=-2,D_2=\begin{vmatrix} 1 & 7 & 1 \\ 2 & 10 & 1 \\ 3 & 12 & 1 \end{vmatrix}=-1,D_3=\begin{vmatrix} 1 & 0 & 7 \\ 2 & 1 & 12 \\ 3 & 1 & 10 \end{vmatrix}=-5,$$

因此，方程组的解为

$$x_1=\frac{D_1}{D}=2,x_2=\frac{D_2}{D}=1,x_3=\frac{D_3}{D}=5.$$

**例 10** 用克拉默法则解方程组

$$\begin{cases}x_1-x_2+x_3-2x_4=2,\\2x_1\quad\ -x_3+4x_4=4,\\3x_1+2x_2+x_3\quad=-1,\\-x_1+2x_2-x_3+2x_4=-4.\end{cases}$$

**解** 方程组的系数行列式

$$D=\begin{vmatrix}1&-1&1&-2\\2&0&-1&4\\3&2&1&0\\-1&2&-1&2\end{vmatrix}=-2\neq0,$$

所以方程组有唯一解.

$$D_1=\begin{vmatrix}2&-1&1&-2\\4&0&-1&4\\-1&2&1&0\\-4&2&-1&2\end{vmatrix}=-2,$$

$$D_2=\begin{vmatrix}1&2&1&-2\\2&4&-1&4\\3&-1&1&0\\-1&-4&-1&2\end{vmatrix}=4,$$

$$D_3=\begin{vmatrix}1&-1&2&-2\\2&0&4&4\\3&2&-1&0\\-1&2&-4&2\end{vmatrix}=0,$$

$$D_4=\begin{vmatrix}1&-1&1&2\\2&0&-1&4\\3&2&1&-1\\-1&2&-1&-4\end{vmatrix}=-1,$$

因此，方程组的解为

$$x_1=\frac{D_1}{D}=1,x_2=\frac{D_2}{D}=-2,x_3=\frac{D_3}{D}=0,x_4=\frac{D_4}{D}=\frac{1}{2}.$$

### 9.1.5 实际应用案例

*** 拓展知识——三角形的面积**

已知$\triangle ABC$的顶点坐标分别为$A=(x_1,y_1),B=(x_2,y_2),C=(x_3,y_3)$，则该三角形的面积为

$$S_{\triangle ABC}=\left|\frac{1}{2}\begin{vmatrix}x_1 & y_1 & 1\\x_2 & y_2 & 1\\x_3 & y_3 & 1\end{vmatrix}\right|.$$

**案例 1**　已知$\triangle ABC$的顶点坐标分别为$A=(1,1),B=(2,0),C=(-2,3)$，求$S_{\triangle ABC}$.

**解**　因为$\begin{vmatrix}1 & 1 & 1\\2 & 0 & 1\\-2 & 3 & 1\end{vmatrix}\xlongequal[r_3+2r_1]{r_2-2r_1}\begin{vmatrix}1 & 1 & 1\\0 & -2 & -1\\0 & 1 & -1\end{vmatrix}=1\times(-1)^{1+1}\times\begin{vmatrix}-2 & -1\\1 & -1\end{vmatrix}=2+1=3$,

所以$S_{\triangle ABC}=\left|\frac{1}{2}\begin{vmatrix}1 & 1 & 1\\2 & 0 & 1\\-2 & 3 & 1\end{vmatrix}\right|=\frac{3}{2}$.

*** 拓展知识——四面体的体积**

已知四面体$ABCD$的 4 个顶点坐标分别为$A=(x_1,y_1,z_1),B=(x_2,y_2,z_2),C=(x_3,y_3,z_3)$，$D=(x_4,y_4,z_4)$，则该四面体的体积为

$$V=\left|\frac{1}{6}\begin{vmatrix}x_1 & y_1 & z_1 & 1\\x_2 & y_2 & z_2 & 1\\x_3 & y_3 & z_3 & 1\\x_4 & y_4 & z_4 & 1\end{vmatrix}\right|.$$

**案例 2**　已知四面体$ABCD$的顶点坐标分别为$A=(1,1,2),B=(2,1,-4),C=(-2,0,3)$，$D=(3,5,2)$，求四面体$ABCD$的体积.

**解**　因为$\begin{vmatrix}1 & 1 & 2 & 1\\2 & 1 & -4 & 1\\-2 & 0 & 3 & 1\\3 & 5 & 2 & 1\end{vmatrix}\xlongequal[\substack{r_3+2r_1\\r_4-3r_1}]{r_2-2r_1}\begin{vmatrix}1 & 1 & 2 & 1\\0 & -1 & -8 & -1\\0 & 2 & 7 & 3\\0 & 2 & -4 & -2\end{vmatrix}=1\times(-1)^{1+1}\times\begin{vmatrix}-1 & -8 & -1\\2 & 7 & 3\\2 & -4 & -2\end{vmatrix}$

$$\xlongequal[r_3+2r_1]{r_2+2r_1}\begin{vmatrix}-1 & -8 & -1\\0 & -9 & 1\\0 & -20 & -4\end{vmatrix}=(-1)\times(-1)^{1+1}\times\begin{vmatrix}-9 & 1\\-20 & -4\end{vmatrix}=-(36+20)=-56,$$

所以四面体$ABCD$的体积$V=\left|\frac{1}{6}\begin{vmatrix}1 & 1 & 2 & 1\\2 & 1 & -4 & 1\\-2 & 0 & 3 & 1\\3 & 5 & 2 & 1\end{vmatrix}\right|=\left|-\frac{56}{6}\right|=\frac{28}{3}$.

## 习题 9.1

1. 计算下列行列式的值：

(1) $\begin{vmatrix}1 & 2\\ 2 & 3\end{vmatrix}$；　　(2) $\begin{vmatrix}1 & -3\\ 3 & 5\end{vmatrix}$；

(3) $\begin{vmatrix}3 & 0 & 1\\ 1 & 2 & 0\\ -1 & 1 & 1\end{vmatrix}$；　　(4) $\begin{vmatrix}-1 & 3 & 3\\ 1 & 3 & 0\\ 1 & 4 & 2\end{vmatrix}$；

(5) $\begin{vmatrix}2 & 1 & 1 & 1\\ 1 & 2 & 1 & 1\\ 1 & 1 & 2 & 1\\ 1 & 1 & 1 & 2\end{vmatrix}$；　　(6) $\begin{vmatrix}1 & -3 & 2 & 1\\ 2 & 3 & 2 & 0\\ 3 & 3 & 0 & -1\\ -2 & -3 & 1 & 2\end{vmatrix}$.

2. 用克拉默法则解下列线性方程组：

(1) $\begin{cases}2x_1+2x_2-x_3=6,\\ x_1-2x_2+4x_3=3,\\ 5x_1+7x_2+x_3=28;\end{cases}$

(2) $\begin{cases}x_1-x_2+x_3-2x_4=2,\\ 2x_1-x_3+4x_4=4,\\ 3x_1+2x_2+x_3=-1,\\ -x_1+2x_2-x_3+2x_4=-4.\end{cases}$

3. 已知 $f(\lambda)=\begin{vmatrix}\lambda-4 & 2 & 2\\ 2 & \lambda-4 & 2\\ 2 & 2 & \lambda-4\end{vmatrix}=0$，求 $\lambda$ 的值.

4. 已知 $\triangle ABC$ 的顶点坐标分别为 $A=(3,0)$，$B=(1,2)$，$C=(-2,1)$，求 $S_{\triangle ABC}$.

5. 已知四面体 $ABCD$ 的顶点坐标分别为 $A=(3,1,1)$，$B=(1,3,1)$，$C=(1,1,3)$，$D=(1,1,1)$，求四面体 $ABCD$ 的体积.

# 9.2 矩阵

### 学习目标

1. 理解矩阵的定义.

2. 掌握几种特殊形式的矩阵.

3. 掌握矩阵的加法和减法，以及数与矩阵相乘的运算.

4. 掌握矩阵与矩阵相乘的运算.

5. 掌握矩阵的转置运算.

在实际问题中，我们经常遇到各种各样的数表，这些数表在日常生活、工业生产、统计、国民经济发展中有广泛的应用. 矩阵是处理这类问题的有力工具. 本节介绍矩阵的概念、性质和运算，以及利用矩阵的初等行变换求矩阵的秩和逆矩阵的方法.

## 9.2.1　矩阵的概念

**1. 矩阵的定义**

我们先看下面的例子.

**例 1**　某企业生产 4 种产品，4 种产品的季度产量(单位：台)如表 9.1 所示.

**表 9.1　4 种产品的季度产量**

| 季度 | 产品 | | | |
|---|---|---|---|---|
| | 甲 | 乙 | 丙 | 丁 |
| 一 | 1 200 | 810 | 920 | 2 000 |
| 二 | 1 230 | 850 | 960 | 2 110 |
| 三 | 1 100 | 800 | 1 000 | 1 980 |
| 四 | 1 080 | 830 | 940 | 1 900 |

去掉表 9.1 中各栏目标题，就得到一个矩形的数表，并用方括号(或圆括号)括起来，则表 9.1 可简记为

$$\begin{bmatrix} 1\,200 & 810 & 920 & 2\,000 \\ 1\,230 & 850 & 960 & 2\,110 \\ 1\,100 & 800 & 1\,000 & 1\,980 \\ 1\,080 & 830 & 940 & 1\,900 \end{bmatrix},$$

称这样的矩形数表为矩阵.

**定义 1**　由 $m\times n$ 个数 $a_{ij}(i=1,2,\cdots,m;j=1,2,\cdots,n)$ 排成一个 $m$ 行 $n$ 列的矩形数表

$$\begin{bmatrix} a_{11} & a_{12} & \cdots & a_{1n} \\ a_{21} & a_{22} & \cdots & a_{2n} \\ \vdots & \vdots & & \vdots \\ a_{m1} & a_{m2} & \cdots & a_{mn} \end{bmatrix},$$

称为 $m\times n$ 矩阵. 矩阵中的每一个数称为矩阵的元素，$a_{ij}$表示矩阵中第 $i$ 行第 $j$ 列的元素.

矩阵通常用大写的字母 $\boldsymbol{A},\boldsymbol{B},\boldsymbol{C}$ 等表示. 有时为了标明矩阵的行数与列数，$m\times n$ 矩阵 $\boldsymbol{A}$ 可简记为 $\boldsymbol{A}_{m\times n}$ 或 $(a_{ij})_{m\times n}$.

当矩阵的行数和列数相等时，即 $\begin{bmatrix} a_{11} & a_{12} & \cdots & a_{1n} \\ a_{21} & a_{22} & \cdots & a_{2n} \\ \vdots & \vdots & & \vdots \\ a_{n1} & a_{n2} & \cdots & a_{nn} \end{bmatrix}$，称为 $n$ **阶方阵**.

**2. 几种特殊形式的矩阵**

下面介绍几种经常用到的特殊形式的矩阵.

（1）**行矩阵**：只有一行的矩阵，即 $[a_{11},a_{12},\cdots,a_{1n}]$.

（2）**列矩阵**：只有一列的矩阵，即 $\begin{bmatrix} a_{11} \\ a_{21} \\ \vdots \\ a_{m1} \end{bmatrix}$.

（3）**零矩阵**：元素全部为零的矩阵，记作 $\boldsymbol{O}$.

（4）**三角矩阵**：一个 $n$ 阶矩阵从左上到右下的元素所构成的直线叫作矩阵的**主对角线**. 当一个 $n$ 阶矩阵主对角线以上(以下)的元素全部为零时，称其为**下三角矩阵(上三角矩阵)**. 即

$$\text{下三角矩阵 } \boldsymbol{A}=\begin{bmatrix} a_{11} & 0 & \cdots & 0 \\ a_{21} & a_{22} & \cdots & 0 \\ \vdots & \vdots & & \vdots \\ a_{n1} & a_{n2} & \cdots & a_{nn} \end{bmatrix},\ \text{上三角矩阵 } \boldsymbol{B}=\begin{bmatrix} a_{11} & a_{12} & \cdots & a_{1n} \\ 0 & a_{22} & \cdots & a_{2n} \\ \vdots & \vdots & & \vdots \\ 0 & 0 & \cdots & a_{nn} \end{bmatrix}.$$

（5）**对角矩阵**：主对角线上的元素不全为零，而主对角线以外的元素全部为 0 的 $n$ 阶矩阵，即

$$\boldsymbol{A}=\begin{bmatrix} a_{11} & 0 & \cdots & 0 \\ 0 & a_{22} & \cdots & 0 \\ \vdots & \vdots & & \vdots \\ 0 & 0 & \cdots & a_{nn} \end{bmatrix}.$$

（6）**单位矩阵**：主对角线上的元素全为 1，其余元素全为 0 的 $n$ 阶矩阵，记作 $\boldsymbol{I}_n$，即

$$\boldsymbol{I}_n=\begin{bmatrix} 1 & 0 & \cdots & 0 \\ 0 & 1 & \cdots & 0 \\ \vdots & \vdots & & \vdots \\ 0 & 0 & \cdots & 1 \end{bmatrix}.$$

**3. 矩阵的相等**

行数和列数分别相等的两个矩阵称为**同型矩阵**.

**定义 2**　如果两个同型矩阵 $\boldsymbol{A}=(a_{ij})_{m\times n}$ 和 $\boldsymbol{B}=(b_{ij})_{m\times n}$ 的对应元素完全相等，即 $a_{ij}=b_{ij}(i=1,2,\cdots,m;j=1,2,\cdots,n)$，则称这两个矩阵相等，记作 $\boldsymbol{A}=\boldsymbol{B}$.

**例 2**　已知 $\boldsymbol{A}=\begin{bmatrix}a+b & 5\\1 & b-2\end{bmatrix}$，$\boldsymbol{B}=\begin{bmatrix}9 & c\\1 & 4\end{bmatrix}$，且 $\boldsymbol{A}=\boldsymbol{B}$，求 $a,b,c$ 的值.

**解**　因为 $\boldsymbol{A}=\boldsymbol{B}$，所以 $\begin{cases}a+b=9,\\b-2=4,\\c=5.\end{cases}$ 解得 $a=3,b=6,c=5$.

**4. 矩阵的行列式**

把一个 $n$ 阶矩阵 $\boldsymbol{A}$ 的元素按原位置不动排成一个 $n$ 阶行列式，叫作矩阵 $\boldsymbol{A}$ 的行列式，记作 $|\boldsymbol{A}|$.

例如，$\boldsymbol{A}=\begin{bmatrix}5 & 2\\3 & 6\end{bmatrix}$，则 $|\boldsymbol{A}|=\begin{vmatrix}5 & 2\\3 & 6\end{vmatrix}=24$.

**注意**：(1) 矩阵和行列式是两个不同的概念，行列式表示一个运算式，最终是一个数值；而矩阵是一个数表. 它们在形式、记法、表达方式、计算以及结果上完全不同.

(2) 两个矩阵不相等，其行列式的值可能相等.

例如，设 $\boldsymbol{A}=\begin{bmatrix}4 & 2\\5 & 4\end{bmatrix}$，$\boldsymbol{B}=\begin{bmatrix}2 & 2\\0 & 3\end{bmatrix}$，则 $\boldsymbol{A}\neq\boldsymbol{B}$，但 $|\boldsymbol{A}|=|\boldsymbol{B}|=6$.

## 9.2.2　矩阵的运算

矩阵不仅可以用来表示含有大量数的数表，还可以进行一些运算以实现数据分析和处理. 矩阵的运算有矩阵的加法、减法，数与矩阵相乘，矩阵与矩阵的乘法运算，以及矩阵的转置.

**1. 矩阵的加法和减法**

**定义 3**　设矩阵 $\boldsymbol{A}=(a_{ij})_{m\times n}$，$\boldsymbol{B}=(b_{ij})_{m\times n}$，则称矩阵 $(a_{ij}\pm b_{ij})_{m\times n}$ 为 $\boldsymbol{A}$ 与 $\boldsymbol{B}$ 的和(差)，记为 $\boldsymbol{A}\pm\boldsymbol{B}$，即 $\boldsymbol{A}\pm\boldsymbol{B}=(a_{ij}\pm b_{ij})_{m\times n}$.

例如，$\boldsymbol{A}=\begin{bmatrix}1 & 3 & 5\\3 & 5 & 2\end{bmatrix}$，$\boldsymbol{B}=\begin{bmatrix}2 & 8 & 9\\10 & 7 & 4\end{bmatrix}$，则

$$\boldsymbol{A}+\boldsymbol{B}=\begin{bmatrix}1+2 & 3+8 & 5+9\\3+10 & 5+7 & 2+4\end{bmatrix}=\begin{bmatrix}3 & 11 & 14\\13 & 12 & 6\end{bmatrix},$$

$$A-B=\begin{bmatrix}1-2 & 3-8 & 5-9\\3-10 & 5-7 & 2-4\end{bmatrix}=\begin{bmatrix}-1 & -5 & -4\\-7 & -2 & -2\end{bmatrix}.$$

显然，只有当两个矩阵是同型矩阵时，才能进行和(差)运算.

**2. 数与矩阵相乘**

**定义 4** 设 $k$ 是一个数，矩阵 $\boldsymbol{A}=(a_{ij})_{m\times n}$，则称矩阵 $(ka_{ij})_{m\times n}$ 为数 $k$ 乘以矩阵 $\boldsymbol{A}$，记为 $k\boldsymbol{A}$，即 $k\boldsymbol{A}=(ka_{ij})_{m\times n}$.

当 $k=-1$ 时，即有 $-\boldsymbol{A}$，称为 $\boldsymbol{A}$ 的负矩阵. 矩阵的减法可定义为 $\boldsymbol{A}-\boldsymbol{B}=\boldsymbol{A}+(-\boldsymbol{B})$.

例如，设 $\boldsymbol{A}=\begin{bmatrix}2 & 1 & 1\\3 & 4 & 2\end{bmatrix}$，则

$$3\boldsymbol{A}=\begin{bmatrix}3\times2 & 3\times1 & 3\times1\\3\times3 & 3\times4 & 3\times2\end{bmatrix}=\begin{bmatrix}6 & 3 & 3\\9 & 12 & 6\end{bmatrix}.$$

矩阵的加法、减法及数与矩阵的乘法称为矩阵的线性运算. 矩阵的加法与数乘满足以下运算律：

**交换律** $\boldsymbol{A}+\boldsymbol{B}=\boldsymbol{B}+\boldsymbol{A},k\boldsymbol{A}=\boldsymbol{A}k$；

**结合律** $(\boldsymbol{A}+\boldsymbol{B})+\boldsymbol{C}=\boldsymbol{A}+(\boldsymbol{B}+\boldsymbol{C}),k(m\boldsymbol{A})=(km)\boldsymbol{A}$；

**分配律** $(k+m)\boldsymbol{A}=k\boldsymbol{A}+m\boldsymbol{A},k(\boldsymbol{A}+\boldsymbol{B})=k\boldsymbol{A}+k\boldsymbol{B}$

**例 3** 小明、小华、小梅 3 门课程的平时成绩和期末考试成绩如表 9.2 和表 9.3 所示. 按照规定，每门课程的总评成绩等于平时成绩的 40%加上期末考试成绩的 60%，请用矩阵表示这 3 位学生 3 门课程的总评成绩.

**表 9.2 平时成绩**

| | 高等数学 | 大学英语 | 信息技术 |
|---|---|---|---|
| 小明 | 90 | 85 | 100 |
| 小华 | 95 | 90 | 100 |
| 小梅 | 95 | 90 | 90 |

**表 9.3 期末考试成绩**

| | 高等数学 | 大学英语 | 信息技术 |
|---|---|---|---|
| 小明 | 80 | 85 | 90 |
| 小华 | 90 | 95 | 95 |
| 小梅 | 100 | 90 | 100 |

**解** 将这 3 位学生的平时成绩和期末考试成绩分别用矩阵表示，有

$$\boldsymbol{A}=\begin{bmatrix}90 & 85 & 100\\95 & 90 & 100\\95 & 90 & 90\end{bmatrix},\boldsymbol{B}=\begin{bmatrix}80 & 85 & 90\\90 & 95 & 95\\100 & 90 & 100\end{bmatrix}.$$

设这 3 位学生 3 门课程的总评成绩对应的矩阵为 $\boldsymbol{C}$，则有

$$\boldsymbol{C}=0.4\boldsymbol{A}+0.6\boldsymbol{B}=\begin{bmatrix}84&85&94\\92&93&97\\98&90&96\end{bmatrix}.$$

**3. 矩阵与矩阵相乘**

某商场销售 $A,B,C$ 3 种商品，其 3 月、4 月的销售量(件)及每件商品的单位售价(元/件)、单位利润(元/件)如表 9.4 和表 9.5 所示.

**表 9.4 销售量**

| | $A$ | $B$ | $C$ |
|---|---|---|---|
| 3 月销售量 | 180 | 300 | 240 |
| 4 月销售量 | 200 | 240 | 280 |

**表 9.5 单位售价和单位利润**

| | 单位售价 | 单位利润 |
|---|---|---|
| $A$ | 100 | 10 |
| $B$ | 120 | 6 |
| $C$ | 80 | 8 |

3 月、4 月 $A,B,C$ 3 种商品的销售总额和利润总额如表 9.6 所示.

**表 9.6 销售总额和利润总额**

| | 销售总额 | 利润总额 |
|---|---|---|
| 3 月 | 180×100+300×120+240×80=73 200 | 180×10+300×6+240×8=5 520 |
| 4 月 | 200×100+240×120+280×80=71 200 | 200×10+240×6+280×8=5 680 |

表 9.4、表 9.5、表 9.6 用矩阵可分别表示为

$$\boldsymbol{A}=\begin{bmatrix}180&300&240\\200&240&280\end{bmatrix},\boldsymbol{B}=\begin{bmatrix}100&10\\120&6\\80&8\end{bmatrix},$$

$$\boldsymbol{C}=\begin{bmatrix}180\times100+300\times120+240\times80&180\times10+300\times6+240\times8\\200\times100+240\times120+280\times80&200\times10+240\times6+280\times8\end{bmatrix}=\begin{bmatrix}73\ 200&5\ 520\\71\ 200&5\ 680\end{bmatrix}.$$

可以看出，矩阵 $\boldsymbol{C}$ 的元素 $c_{ij}(i=1,2;j=1,2)$ 是由矩阵 $\boldsymbol{A}$ 的第 $i$ 行的各元素与矩阵 $\boldsymbol{B}$ 的第 $j$ 列对应元素相乘再相加得到的. 我们称矩阵 $\boldsymbol{C}$ 为矩阵 $\boldsymbol{A}$ 与 $\boldsymbol{B}$ 的乘积.

一般地，我们给出下面的定义.

**定义 5** 设矩阵 $\boldsymbol{A}=(a_{ij})_{m\times s},\boldsymbol{B}=(b_{ij})_{s\times n}$，则由元素

$$c_{ij}=a_{i1}b_{1j}+a_{i2}b_{2j}+\cdots+a_{is}b_{sj}=\sum_{k=1}^{s}a_{ik}b_{kj}(i=1,2,\cdots,m;j=1,2,\cdots,n)$$

构成的矩阵 $\boldsymbol{C}=(c_{ij})_{m\times n}$ 称为矩阵 $\boldsymbol{A}$ 与矩阵 $\boldsymbol{B}$ 的乘积，记为 $\boldsymbol{AB}$，即 $\boldsymbol{AB}=\boldsymbol{C}=(c_{ij})_{m\times n}$.

矩阵乘法的运算步骤如下.

(1) 判断两个矩阵能否相乘：矩阵 $\boldsymbol{A}$ 的列数等于矩阵 $\boldsymbol{B}$ 的行数时，矩阵 $\boldsymbol{A}$ 才能和矩阵 $\boldsymbol{B}$ 相乘.

(2) 确定乘积矩阵的阶数：乘积矩阵 $\boldsymbol{AB}$ 的行数等于矩阵 $\boldsymbol{A}$ 的行数，乘积矩阵 $\boldsymbol{AB}$ 的列数等于矩阵 $\boldsymbol{B}$ 的列数.

(3) 运用行乘列法则进行计算：矩阵乘积 $\boldsymbol{AB}$ 的元素 $c_{ij}$ 等于矩阵 $\boldsymbol{A}$ 的第 $i$ 行各元素与矩阵 $\boldsymbol{B}$ 的第 $j$ 列对应元素乘积之和，即 $c_{ij}=a_{i1}b_{1j}+a_{i2}b_{2j}+\cdots+a_{is}b_{sj}$.

$$\begin{bmatrix} a_{11} & a_{12} & \cdots & a_{1s} \\ \vdots & \vdots & & \vdots \\ \boxed{a_{i1} \quad a_{i2} \quad \cdots \quad a_{is}} \\ \vdots & \vdots & & \vdots \\ a_{m1} & a_{m2} & \cdots & a_{ms} \end{bmatrix} \begin{bmatrix} b_{11} & \cdots & b_{1j} & \cdots & b_{1n} \\ b_{21} & \cdots & b_{2j} & \cdots & b_{2n} \\ \vdots & & \vdots & & \vdots \\ b_{s1} & \cdots & b_{sj} & \cdots & b_{sn} \end{bmatrix} = \begin{bmatrix} c_{11} & \cdots & c_{1j} & \cdots & c_{1n} \\ \vdots & & \vdots & & \vdots \\ c_{i1} & \cdots & \boxed{c_{ij}} & \cdots & c_{in} \\ \vdots & & \vdots & & \vdots \\ c_{m1} & \cdots & c_{mj} & \cdots & c_{mn} \end{bmatrix}.$$

**例 4** 设 $\boldsymbol{A}=\begin{bmatrix} 3 & 2 & -1 \\ 2 & -3 & 5 \end{bmatrix}$，$\boldsymbol{B}=\begin{bmatrix} 1 & 3 \\ -5 & 4 \\ 3 & 6 \end{bmatrix}$，求 $\boldsymbol{AB}$ 和 $\boldsymbol{BA}$.

**解** 因为矩阵 $\boldsymbol{A}$ 的列数等于矩阵 $\boldsymbol{B}$ 的行数，所以可以做乘积 $\boldsymbol{AB}$.

$$\boldsymbol{AB}=\begin{bmatrix} 3 & 2 & -1 \\ 2 & -3 & 5 \end{bmatrix}\begin{bmatrix} 1 & 3 \\ -5 & 4 \\ 3 & 6 \end{bmatrix}$$

$$=\begin{bmatrix} 3\times1+2\times(-5)+(-1)\times3 & 3\times3+2\times4+(-1)\times6 \\ 2\times1+(-3)\times(-5)+5\times3 & 2\times3+(-3)\times4+5\times6 \end{bmatrix}=\begin{bmatrix} -10 & 11 \\ 32 & 24 \end{bmatrix}.$$

因为矩阵 $\boldsymbol{B}$ 的列数等于矩阵 $\boldsymbol{A}$ 的行数，所以可以做乘积 $\boldsymbol{BA}$.

$$\boldsymbol{BA}=\begin{bmatrix} 1 & 3 \\ -5 & 4 \\ 3 & 6 \end{bmatrix}\begin{bmatrix} 3 & 2 & -1 \\ 2 & -3 & 5 \end{bmatrix}$$

$$=\begin{bmatrix} 1\times3+3\times2 & 1\times2+3\times(-3) & 1\times(-1)+3\times5 \\ (-5)\times3+4\times2 & (-5)\times2+4\times(-3) & (-5)\times(-1)+4\times5 \\ 3\times3+6\times2 & 3\times2+6\times(-3) & 3\times(-1)+6\times5 \end{bmatrix}$$

$$=\begin{bmatrix} 9 & -7 & 14 \\ -7 & -22 & 25 \\ 21 & -12 & 27 \end{bmatrix}.$$

由例 4 可得结论：**矩阵的乘法不满足交换律**.

**例 5**　已知 $A=\begin{bmatrix}-1&1&2\\-2&3&2\\0&1&3\end{bmatrix}, I=\begin{bmatrix}1&0&0\\0&1&0\\0&0&1\end{bmatrix}$，求 $AI$ 和 $IA$.

**解**　$AI=\begin{bmatrix}-1&1&2\\-2&3&2\\0&1&3\end{bmatrix}\begin{bmatrix}1&0&0\\0&1&0\\0&0&1\end{bmatrix}=\begin{bmatrix}-1&1&2\\-2&3&2\\0&1&3\end{bmatrix}$,

$IA=\begin{bmatrix}1&0&0\\0&1&0\\0&0&1\end{bmatrix}\begin{bmatrix}-1&1&2\\-2&3&2\\0&1&3\end{bmatrix}=\begin{bmatrix}-1&1&2\\-2&3&2\\0&1&3\end{bmatrix}$.

由例 5 可以看出 $AI=IA=A$.

一般地，若 $A$ 是一个 $n$ 阶方阵，将乘积 $AA$ 记作 $A^2$. $k$ 个 $n$ 阶方阵 $A$ 的乘积记作 $A^k$.

**例 6**　已知 $A=\begin{bmatrix}1&1\\-1&-1\end{bmatrix}, B=\begin{bmatrix}3&3\\-3&-3\end{bmatrix}$，求 $AB$.

**解**　$AB=\begin{bmatrix}1&1\\-1&-1\end{bmatrix}\begin{bmatrix}3&3\\-3&-3\end{bmatrix}=\begin{bmatrix}0&0\\0&0\end{bmatrix}$.

由例 6 可得结论：由矩阵 $AB=O$，不能推出 $A=O$ 或 $B=O$.

**例 7**　已知 $A=\begin{bmatrix}1&0\\0&0\end{bmatrix}, B=\begin{bmatrix}4&5\\6&7\end{bmatrix}, C=\begin{bmatrix}4&5\\-1&2\end{bmatrix}$，求 $AB, AC$.

**解**　$AB=\begin{bmatrix}1&0\\0&0\end{bmatrix}\begin{bmatrix}4&5\\6&7\end{bmatrix}=\begin{bmatrix}4&5\\0&0\end{bmatrix}$,

$AC=\begin{bmatrix}1&0\\0&0\end{bmatrix}\begin{bmatrix}4&5\\-1&2\end{bmatrix}=\begin{bmatrix}4&5\\0&0\end{bmatrix}$.

由例 7 可看出 $AB=AC$，但 $B\neq C$. 即由 $AB=AC$，不能推出 $B=C$. **即矩阵乘法不满足消去律.**

矩阵乘法满足的运算律：

(1) **分配律**　$A(B+C)=AB+AC, (B+C)A=BA+CA$；

(2) **结合律**　$(AB)C=A(BC), k(AB)=(kA)B=A(kB)$（其中 $k$ 为常数）.

**4. 矩阵的转置**

**定义 6**　设矩阵 $A=\begin{bmatrix}a_{11}&a_{12}&\cdots&a_{1n}\\a_{21}&a_{22}&\cdots&a_{2n}\\\vdots&\vdots&&\vdots\\a_{m1}&a_{m2}&\cdots&a_{mn}\end{bmatrix}$，把 $A$ 的行与列依次互换所得的矩阵，称为矩阵 $A$ 的转置矩阵，记作 $A^{\mathrm{T}}$. 即

$$A^{T}=\begin{bmatrix} a_{11} & a_{21} & \cdots & a_{m1} \\ a_{12} & a_{22} & \cdots & a_{m2} \\ \vdots & \vdots & & \vdots \\ a_{1n} & a_{2n} & \cdots & a_{mn} \end{bmatrix}.$$

显然，一个 $m\times n$ 矩阵 $\boldsymbol{A}$ 的转置矩阵 $\boldsymbol{A}^{T}$ 是一个 $n\times m$ 矩阵.

例如，$\boldsymbol{A}=\begin{bmatrix} 1 & 2 & -1 \\ 3 & 0 & 4 \end{bmatrix}$，则 $\boldsymbol{A}^{T}=\begin{bmatrix} 1 & 3 \\ 2 & 0 \\ -1 & 4 \end{bmatrix}$.

**例 8** 设 $\boldsymbol{A}=\begin{bmatrix} 1 & 1 & -1 \\ 2 & 2 & 5 \end{bmatrix}$，$\boldsymbol{B}=\begin{bmatrix} 1 & 2 \\ 2 & 1 \\ 3 & -1 \end{bmatrix}$，求 $(\boldsymbol{AB})^{T}$，$\boldsymbol{B}^{T}\boldsymbol{A}^{T}$.

**解** $\boldsymbol{AB}=\begin{bmatrix} 1 & 1 & -1 \\ 2 & 2 & 5 \end{bmatrix}\begin{bmatrix} 1 & 2 \\ 2 & 1 \\ 3 & -1 \end{bmatrix}=\begin{bmatrix} 0 & 4 \\ 21 & 1 \end{bmatrix}$，

$(\boldsymbol{AB})^{T}=\begin{bmatrix} 0 & 21 \\ 4 & 1 \end{bmatrix}$.

$\boldsymbol{B}^{T}\boldsymbol{A}^{T}=\begin{bmatrix} 1 & 2 & 3 \\ 2 & 1 & -1 \end{bmatrix}\begin{bmatrix} 1 & 2 \\ 1 & 2 \\ -1 & 5 \end{bmatrix}=\begin{bmatrix} 0 & 21 \\ 4 & 1 \end{bmatrix}$.

由此可知：$(\boldsymbol{AB})^{T}=\boldsymbol{B}^{T}\boldsymbol{A}^{T}$.

矩阵的转置满足以下运算律：

(1) $(\boldsymbol{A}^{T})^{T}=\boldsymbol{A}$；

(2) $(\boldsymbol{A}+\boldsymbol{B})^{T}=\boldsymbol{A}^{T}+\boldsymbol{B}^{T}$；

(3) $(k\boldsymbol{A})^{T}=k\boldsymbol{A}^{T}$；

(4) $(\boldsymbol{AB})^{T}=\boldsymbol{B}^{T}\boldsymbol{A}^{T}$.

### 9.2.3 实际应用案例

**案例 1** 某城市 4 个景点之间的公交线路情况如图 9.1 所示，试找出乘坐公交车从某一景点出发，途经一个景点进行中转，到达另一个景点的公交线路.

**解** 若景点 $i$ 到景点 $j$ 有公交线路，则记 $a_{ij}=1$；若景点 $i$ 到景点 $j$ 没有公交线路，则记 $a_{ij}=0$.

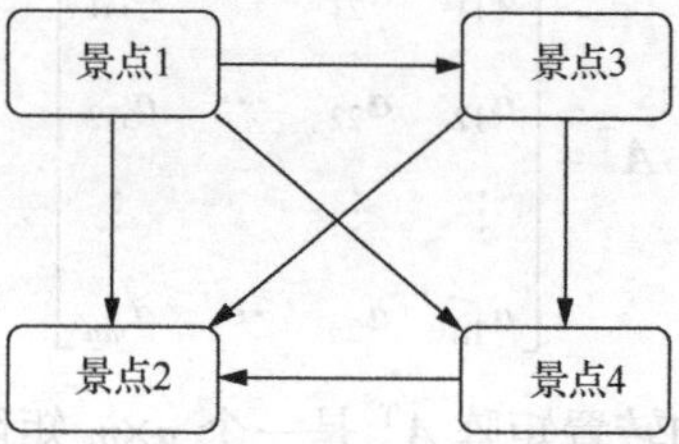


**图 9.1　景点之间的公交线路图**

图 9.1 所示的公交线路情况可以用一个矩阵表示：$\boldsymbol{A}=\begin{bmatrix}0&1&1&1\\0&0&0&0\\0&1&0&1\\0&1&0&0\end{bmatrix}$.

$$\boldsymbol{B}=\boldsymbol{A}^2=\begin{bmatrix}0&1&1&1\\0&0&0&0\\0&1&0&1\\0&1&0&0\end{bmatrix}\begin{bmatrix}0&1&1&1\\0&0&0&0\\0&1&0&1\\0&1&0&0\end{bmatrix}=\begin{bmatrix}0&2&0&1\\0&0&0&0\\0&1&0&0\\0&0&0&0\end{bmatrix}.$$

矩阵 $\boldsymbol{B}$ 中的元素表示从景点 $i$ 到景点 $j$ 途经一个景点进行中转的公交线路情况. 例如，$a_{12}=2$ 表示景点 1 经过另一景点到达景点 2 有两条线路，$a_{14}=1$ 表示景点 1 经过另一景点到达景点 4 有一条线路.

$$\boldsymbol{C}=\boldsymbol{A}+\boldsymbol{B}=\begin{bmatrix}0&1&1&1\\0&0&0&0\\0&1&0&1\\0&1&0&0\end{bmatrix}+\begin{bmatrix}0&2&0&1\\0&0&0&0\\0&1&0&0\\0&0&0&0\end{bmatrix}=\begin{bmatrix}0&3&1&2\\0&0&0&0\\0&2&0&1\\0&1&0&0\end{bmatrix}.$$

矩阵 $\boldsymbol{C}$ 中的元素表示从景点 $i$ 到景点 $j$ 中转一次和直达的总线路数.

**案例 2**　学校食堂为老师们安排一日三餐，每人每日成本标准如表 9.7 所示，一周内就餐人数如表 9.8 所示.

**表 9.7　每人每日成本标准**

| 类别 | 成本/元 | | |
|---|---|---|---|
| | 早餐 | 午餐 | 晚餐 |
| 主食 | 3 | 5 | 4 |
| 副食 | 4 | 10 | 8 |
| 水果 | 2 | 2 | 1 |

表 9.8 一周内就餐人数

| 类别 | 就餐人数/人 | | | | |
|---|---|---|---|---|---|
| | 周一 | 周二 | 周三 | 周四 | 周五 |
| 早餐 | 80 | 70 | 100 | 80 | 90 |
| 午餐 | 100 | 95 | 120 | 105 | 110 |
| 晚餐 | 50 | 40 | 60 | 40 | 20 |

计算：(1) 周一至周五每日主食、副食、水果的各项成本；

(2) 一周的主食、副食、水果的各项总成本；

(3) 每日三餐的总成本.

**解** (1) 成本矩阵 $\boldsymbol{A}=\begin{bmatrix}3&5&4\\4&10&8\\2&2&1\end{bmatrix}$，就餐人数矩阵 $\boldsymbol{B}=\begin{bmatrix}80&70&100&80&90\\100&95&120&105&110\\50&40&60&40&20\end{bmatrix}$.

$$\boldsymbol{AB}=\begin{bmatrix}940&845&1\,140&925&900\\1\,720&1\,550&2\,080&1\,690&1\,620\\410&370&500&410&420\end{bmatrix},$$

矩阵 $\boldsymbol{AB}$ 的各行元素分别表示周一至周五每日主食、副食、水果的各项成本.

(2) 计算一周的主食、副食、水果的各项总成本，只需将矩阵 $\boldsymbol{AB}$ 各行元素分别相加即可，于是得到一周主食、副食、水果的各项总成本分别为 4 750 元、8 660 元、2 110 元.

(3) 计算一周内每日三餐的总成本，只需将矩阵 $\boldsymbol{AB}$ 各列元素分别相加即可，于是得到一周内每日三餐的总成本分别为 3 070 元、2 765 元、3 720 元、3 025 元和 2 940 元.

## 习题 9.2

1. 设 $\boldsymbol{A}=\begin{bmatrix}1&3\\2&4\end{bmatrix}$，$\boldsymbol{B}=\begin{bmatrix}2&1\\1&-3\end{bmatrix}$，求 $2\boldsymbol{A}-3\boldsymbol{B}$，$\boldsymbol{AB}-\boldsymbol{BA}$.

2. 计算：

(1) $\begin{bmatrix}1\\2\\3\end{bmatrix}[1,\ 2]$；  (2) $\begin{bmatrix}1&2\\-1&3\\0&-1\end{bmatrix}\begin{bmatrix}0&1\\-1&0\end{bmatrix}$；

(3) $[0,\ -2,\ 4,\ 3]\begin{bmatrix}-1\\2\\1\\3\end{bmatrix}$；  (4) $\begin{bmatrix}1&1&0\\0&2&1\\0&0&3\end{bmatrix}^2$.

3. 已知$\boldsymbol{A}=\begin{bmatrix}1 & 2\\3 & 2\\1 & -1\end{bmatrix}$,$\boldsymbol{B}=\begin{bmatrix}1 & 1 & 0\\-1 & 2 & 3\end{bmatrix}$，计算$(\boldsymbol{AB})^{\mathrm{T}}$.

4. 已知$\boldsymbol{A}=\begin{bmatrix}1 & -2 & 1\\0 & 3 & 2\\1 & -2 & 0\end{bmatrix}$,$\boldsymbol{B}=\begin{bmatrix}1 & 1 & 0\\0 & 2 & 1\\0 & 0 & 3\end{bmatrix}$，验证$|\boldsymbol{AB}|=|\boldsymbol{A}||\boldsymbol{B}|$.

5. 某电器商店销售3种规格的电视机：55英寸、60英寸和70英寸. 该商店有两个分店，第一季度第一分店售出以上3种规格的电视机数量分别为148台、156台和120台，第二分店售出以上3种规格的电视机数量分别为132台、138台和114台.

（1）用一个矩阵$\boldsymbol{A}$表示这一信息.

（2）若在第二季度第一分店售出以上3种规格的电视机数量分别为142台、146台和115台，第二分店售出以上3种规格的电视机数量分别为134台、140台和112台. 用与$\boldsymbol{A}$相同类型的矩阵$\boldsymbol{M}$表示这一信息.

（3）求$\boldsymbol{A}+\boldsymbol{M}$，并说明其实际意义.

## 9.3 矩阵的初等行变换、矩阵的秩和逆矩阵

**学习目标**

1. 掌握矩阵的初等行变换.
2. 能用矩阵的初等行变换将矩阵化为行阶梯形矩阵及行标准形矩阵.
3. 掌握矩阵的秩的概念并能用矩阵的初等行变换求矩阵的秩.
4. 掌握逆矩阵的概念并能用矩阵的初等行变换求逆矩阵.
5. 能用逆矩阵求解含$n$个未知量、$n$个方程的线性方程组.

矩阵的秩和逆矩阵是矩阵理论中非常重要的两个概念，在解线性方程组中有非常重要的应用. 矩阵的初等行变换、行阶梯形矩阵、行标准形矩阵在矩阵理论中占据重要的位置. 应用矩阵的初等行变换可以将矩阵化为行阶梯形矩阵、行标准形矩阵，还可以求矩阵的秩和矩阵的逆矩阵.

### 9.3.1 矩阵的初等行变换

为了引入矩阵的初等行变换概念，先通过下面的例子来说明如何运用消元法解线性方程组.

**例 1** 解线性方程组

$$\begin{cases} x_1 - x_2 + x_3 = 2, & (1) \\ 2x_1 - 2x_2 + 3x_3 = 6, & (2) \\ 3x_3 + 2x_2 + 3x_3 = 11. & (3) \end{cases}$$

**解**
$$\begin{cases} x_1 - x_2 + x_3 = 2, & (1) \\ 2x_1 - 2x_2 + 3x_3 = 6, & (2) \\ 3x_3 + 2x_2 + 3x_3 = 11. & (3) \end{cases}$$

$$\xrightarrow[(3)-3(1)]{(2)-2(1)} \begin{cases} x_1 - x_2 + x_3 = 2, & (1) \\ x_3 = 2, & (2) \\ 5x_2 = 5. & (3) \end{cases}$$

$$\xrightarrow{(1)-(2)+(3)} \begin{cases} x_1 = 1, & (1) \\ x_3 = 2, & (2) \\ x_2 = 1. & (3) \end{cases}$$

$$\xrightarrow{\text{互换}(2)\text{和}(3)} \begin{cases} x_1 = 1, \\ x_2 = 1, \\ x_3 = 2. \end{cases}$$

于是方程组的解为

$$\begin{cases} x_1 = 1, \\ x_2 = 1, \\ x_3 = 2. \end{cases}$$

上面是用消元法求解方程组的过程，主要对原方程组做了下面 3 种同解变换：

(1) 互换两个方程的位置；

(2) 用一个非零的常数乘以某个方程；

(3) 将一个方程的倍数加到另一个方程上.

对原方程组做上述 3 种变换，实质上就是对由方程组的系数和常数构成的矩阵(增广矩阵)做相应的行变换.

**定义 1** 对矩阵的行施行以下 3 种变换称为矩阵的初等行变换：

(1) **互换变换** 互换矩阵的两行(互换矩阵的第 $i$ 行和第 $j$ 行，记作 $r_i \leftrightarrow r_j$)；

(2) **倍乘变换** 某一行的每一个元素都乘以不为零的数 $k$(第 $i$ 行每个元素乘以 $k$，记作 $kr_i$)；

(3) **倍加变换** 某一行的每一个元素都乘以数 $k$ 后加到另一行对应的元素上(第 $i$ 行乘

以 $k$ 加到第 $j$ 行，记作 $r_j+kr_i$).

例 1 对原方程组所做的同解变换与对下面的增广矩阵所做的初等行变换对应：

$$\tilde{A}=\begin{bmatrix}1&-1&1&2\\2&-2&3&6\\3&2&3&11\end{bmatrix}\xrightarrow[r_3+(-3)r_1]{r_2+(-2)r_1}\begin{bmatrix}1&-1&1&2\\0&0&1&2\\0&5&0&5\end{bmatrix}\xrightarrow{\frac{1}{5}r_3}\begin{bmatrix}1&-1&1&2\\0&0&1&2\\0&1&0&1\end{bmatrix}$$

$$\xrightarrow{r_1+(-r_2)+r_3}\begin{bmatrix}1&0&0&1\\0&0&1&2\\0&1&0&1\end{bmatrix}\xrightarrow{r_2\leftrightarrow r_3}\begin{bmatrix}1&0&0&1\\0&1&0&1\\0&0&1&2\end{bmatrix}=\boldsymbol{B}.$$

## 9.3.2　行阶梯形矩阵

在矩阵中，元素不全为零的行称为**非零行**；元素全为零的行称为**零行**.

**定义 2**　若矩阵 $\boldsymbol{A}$ 满足

(1) 非零行的第一个非零元素下方位置的元素全为零；

(2) 若有零行，零行在非零行的下方，

则称矩阵 $\boldsymbol{A}$ 为**行阶梯形矩阵**.

例如，下面的矩阵均为行阶梯形矩阵.

$$\begin{bmatrix}1&-2&1&3\\0&3&-2&5\\0&0&-1&2\end{bmatrix},\begin{bmatrix}1&3&-1&2&3\\0&2&1&1&4\\0&0&0&0&0\end{bmatrix},\begin{bmatrix}1&2&-1&3\\0&-2&3&1\\0&0&0&-1\\0&0&0&0\\0&0&0&0\end{bmatrix}.$$

**定义 3**　若行阶梯形矩阵 $\boldsymbol{A}$ 满足

(1) 非零行的第一个非零元素都是 1；

(2) 非零元素所在列的其他元素都是零，

则称矩阵 $\boldsymbol{A}$ 为**行标准形矩阵**.

例如，下面的矩阵均为行标准形矩阵.

$$\begin{bmatrix}1&0&0&3\\0&1&0&-2\\0&0&1&2\end{bmatrix},\begin{bmatrix}1&0&-1&2&3\\0&1&1&1&4\\0&0&0&0&0\end{bmatrix},\begin{bmatrix}1&0&0&3&1\\0&1&0&2&-3\\0&0&1&-1&2\\0&0&0&0&0\end{bmatrix}.$$

**定理 1**　任意一个矩阵可以经过有限次的初等行变换化为行阶梯形矩阵和行标准形矩阵.

**例 2** 化矩阵 $A=\begin{bmatrix}1 & -1 & 1 & 1\\0 & -1 & -1 & 2\\1 & 2 & 0 & 3\\3 & 4 & 2 & 5\end{bmatrix}$ 为行阶梯形矩阵和行标准形矩阵.

**解** 
$$A=\begin{bmatrix}1 & -1 & 1 & 1\\0 & -1 & -1 & 2\\1 & 2 & 0 & 3\\3 & 4 & 2 & 5\end{bmatrix}\xrightarrow[r_4+(-3)r_1]{r_3+(-1)r_1}\begin{bmatrix}1 & -1 & 1 & 1\\0 & -1 & -1 & 2\\0 & 3 & -1 & 2\\0 & 7 & -1 & 2\end{bmatrix}$$

$$\xrightarrow[r_4+7r_2]{r_3+3r_2}\begin{bmatrix}1 & -1 & 1 & 1\\0 & -1 & -1 & 2\\0 & 0 & -4 & 8\\0 & 0 & -8 & 16\end{bmatrix}\xrightarrow{r_4+(-2)r_3}\begin{bmatrix}1 & -1 & 1 & 1\\0 & -1 & -1 & 2\\0 & 0 & -4 & 8\\0 & 0 & 0 & 0\end{bmatrix}=B.$$

$B$ 是行阶梯形矩阵.

对 $B$ 继续施行初等行变换可得行标准形矩阵 $C$：

$$\xrightarrow[(-1)r_2]{\left(-\frac{1}{4}\right)r_3}\begin{bmatrix}1 & -1 & 1 & 1\\0 & 1 & 1 & -2\\0 & 0 & 1 & -2\\0 & 0 & 0 & 0\end{bmatrix}\xrightarrow[r_2+(-1)r_3]{r_1+r_2+(-1)r_3}\begin{bmatrix}1 & 0 & 0 & 3\\0 & 1 & 0 & 0\\0 & 0 & 1 & -2\\0 & 0 & 0 & 0\end{bmatrix}=C.$$

## 9.3.3 矩阵的秩

矩阵的秩是矩阵的重要属性，也是讨论线性方程组的一个重要工具.

**1. 矩阵的秩的概念**

观察线性方程组

$$\begin{cases}3x_1+x_2+x_3=6, & (1)\\ x_1+x_2-2x_3=3, & (2)\\ 4x_1+2x_2-x_3=9. & (3)\end{cases}$$

容易看出，第三个方程减去第一个方程与第二个方程的和，可将第三个方程消掉，即该方程组实质上只有两个独立方程. 像这样确定方程组中独立方程的个数对解线性方程组是非常重要的. 这就要用到矩阵的秩这一重要工具.

在介绍矩阵的秩之前，先介绍矩阵的 $k$ 阶子式的概念.

**定义 4** 在一个 $m\times n$ 矩阵 $A$ 中，任意取 $k$ 行 $k$ 列，位于这些行列交叉处的元素按原位置组成的一个 $k$ 阶行列式，称为矩阵 $A$ 的一个 $k$ 阶子式.

例如，矩阵$A=\begin{bmatrix}1&2&3\\2&0&1\end{bmatrix}$有6个一阶子式(只有一个元素做成的行列式，规定它的值等于该元素的值)，3个二阶子式，即

$$\begin{vmatrix}1&2\\2&0\end{vmatrix},\begin{vmatrix}2&3\\0&1\end{vmatrix},\begin{vmatrix}1&3\\2&1\end{vmatrix}.$$

显然，一个$n$阶方阵$A$的$n$阶子式，就是方阵$A$的行列式$|A|$.

**定义5** 若矩阵$A$中存在一个$r$阶不等于零的子式，而所有阶数高于$r$的子式都为零，则阶数$r$称为矩阵$A$的秩，记作$r(A)$，即$r(A)=r$.

**例3** 已知矩阵$A=\begin{bmatrix}3&1&2&1\\2&0&-3&4\\5&1&-1&5\end{bmatrix}$，求矩阵$A$的秩$r(A)$.

**解** $A$的4个三阶子式

$$\begin{vmatrix}3&1&2\\2&0&-3\\5&1&-1\end{vmatrix}=0,\begin{vmatrix}3&1&1\\2&0&4\\5&1&5\end{vmatrix}=0,\begin{vmatrix}3&2&1\\2&-3&4\\5&-1&5\end{vmatrix}=0,\begin{vmatrix}1&2&1\\0&-3&4\\1&-1&5\end{vmatrix}=0,$$

而二阶子式$\begin{vmatrix}3&1\\2&0\end{vmatrix}=-2\neq0$，所以$r(A)=2$.

由例3看出，根据定义直接求矩阵的秩，要计算许多的行列式，当矩阵的行数、列数较多时，计算量是非常大的.

**例4** 设矩阵$A=\begin{bmatrix}1&1&3&5\\0&1&3&1\\0&0&0&0\end{bmatrix}$，求矩阵$A$的秩$r(A)$.

**解** 显然在矩阵$A$中，4个三阶子式全为零，存在一个二阶子式$\begin{vmatrix}1&1\\0&1\end{vmatrix}=1\neq0$，矩阵$A$的秩$r(A)=2$.

由例4得出结论：**行阶梯形矩阵的秩等于非零行的行数.**

**2. 利用初等行变换求矩阵的秩**

**定理2** 矩阵$A$经过有限次初等行变换变为矩阵$B$，其秩不变，即$r(A)=r(B)$.

利用这一结论，在求矩阵$A$的秩时，利用矩阵的初等行变换将矩阵$A$化为行阶梯形矩阵$B$，则$B$的非零行的行数就是矩阵$A$的秩.

**例5** 用初等行变换求矩阵$A=\begin{bmatrix}1&1&2&2\\0&2&1&5\\4&0&6&-2\\2&2&0&8\end{bmatrix}$的秩.

**解** $A=\begin{bmatrix}1&1&2&2\\0&2&1&5\\4&0&6&-2\\2&2&0&8\end{bmatrix}\xrightarrow[r_4+(-2)r_1]{r_3+(-4)r_1}\begin{bmatrix}1&1&2&2\\0&2&1&5\\0&-4&-2&-10\\0&0&-4&4\end{bmatrix}$

$$\xrightarrow{r_3+2r_2}\begin{bmatrix}1&1&2&2\\0&2&1&5\\0&0&0&0\\0&0&-4&4\end{bmatrix}\xrightarrow{r_3\leftrightarrow r_4}\begin{bmatrix}1&1&2&2\\0&2&1&5\\0&0&-4&4\\0&0&0&0\end{bmatrix}=\boldsymbol{B},$$

因为 $r(\boldsymbol{B})=3$，所以 $r(\boldsymbol{A})=3$.

## 9.3.4 逆矩阵

### 1. 逆矩阵的概念

含有 $n$ 个未知数、$n$ 个方程的线性方程组的一般形式为

$$\begin{cases}a_{11}x_1+a_{12}x_2+\cdots+a_{1n}x_n=b_1,\\a_{21}x_1+a_{22}x_2+\cdots+a_{2n}x_n=b_2,\\\qquad\vdots\\a_{n1}x_1+a_{n2}x_2+\cdots+a_{nn}x_n=b_n,\end{cases}$$

记 $\boldsymbol{A}=\begin{bmatrix}a_{11}&a_{12}&\cdots&a_{1n}\\a_{21}&a_{22}&\cdots&a_{2n}\\\vdots&\vdots&&\vdots\\a_{n1}&a_{n2}&\cdots&a_{nn}\end{bmatrix},\boldsymbol{X}=\begin{bmatrix}x_1\\x_2\\\vdots\\x_n\end{bmatrix},\boldsymbol{B}=\begin{bmatrix}b_1\\b_2\\\vdots\\b_n\end{bmatrix}$,

则可以利用矩阵乘法和矩阵相等的概念把线性方程组改写为矩阵方程 $\boldsymbol{AX}=\boldsymbol{B}$. 其中，$\boldsymbol{A}$ 叫作方程组的系数矩阵，$\boldsymbol{X}$ 叫作未知矩阵，$\boldsymbol{B}$ 叫作常数项矩阵.

为了求出未知矩阵，需要用到逆矩阵的相关知识. 先看下面的例子.

已知 $\boldsymbol{A}=\begin{bmatrix}2&5\\1&3\end{bmatrix},\boldsymbol{B}=\begin{bmatrix}3&-5\\-1&2\end{bmatrix}$，则由 $\boldsymbol{AB}=\boldsymbol{BA}=\boldsymbol{I}$，称 $\boldsymbol{A}$ 是可逆的，$\boldsymbol{B}$ 是它的逆矩阵.

**定义 6** 对一个 $n$ 阶方阵 $\boldsymbol{A}$，如果存在一个 $n$ 阶方阵 $\boldsymbol{B}$，使

$$\boldsymbol{AB}=\boldsymbol{BA}=\boldsymbol{I},$$

则称矩阵 $\boldsymbol{A}$ 是可逆的，矩阵 $\boldsymbol{B}$ 是矩阵 $\boldsymbol{A}$ 的逆矩阵，记作 $\boldsymbol{A}^{-1}$，即 $\boldsymbol{A}^{-1}=\boldsymbol{B}$.

由定义可知，如果 $\boldsymbol{B}$ 是 $\boldsymbol{A}$ 的逆矩阵，那么 $\boldsymbol{A}$ 也是 $\boldsymbol{B}$ 的逆矩阵，即 $\boldsymbol{A}$ 与 $\boldsymbol{B}$ 互为逆矩阵.

### 2. 逆矩阵的性质

(1) 若 $\boldsymbol{A}$ 可逆，则 $\boldsymbol{A}$ 的逆矩阵是唯一的.

(2) 若 $\boldsymbol{A}$ 可逆，则 $\boldsymbol{A}^{-1}$ 也可逆，且 $(\boldsymbol{A}^{-1})^{-1}=\boldsymbol{A}$.

(3) 若 $\boldsymbol{A}$ 可逆，则 $\boldsymbol{A}^{\mathrm{T}}$ 也可逆，且 $(\boldsymbol{A}^{\mathrm{T}})^{-1}=(\boldsymbol{A}^{-1})^{\mathrm{T}}$.

(4) 若 $\boldsymbol{A},\boldsymbol{B}$ 为同阶可逆矩阵，则 $\boldsymbol{AB}$ 也可逆，且 $(\boldsymbol{AB})^{-1}=\boldsymbol{B}^{-1}\boldsymbol{A}^{-1}$.

(5) $\boldsymbol{A}$ 可逆的充要条件是 $|\boldsymbol{A}|\neq 0$.

(6) 若 $n$ 阶方阵 $\boldsymbol{A}$ 可逆，则 $r(\boldsymbol{A})=n$.

**3. 用矩阵的初等行变换求逆矩阵**

用初等行变换求一个 $n$ 阶矩阵的逆矩阵，方法如下：

(1) 在矩阵 $\boldsymbol{A}$ 的右侧附一个和它同阶的单位矩阵，得新矩阵 $(\boldsymbol{A}\ \vdots\ \boldsymbol{I})_{n\times 2n}$；

(2) 对矩阵 $(\boldsymbol{A}\ \vdots\ \boldsymbol{I})_{n\times 2n}$ 做初等行变换，使左边的 $\boldsymbol{A}$ 变成 $\boldsymbol{I}$，同时，右边的 $\boldsymbol{I}$ 就变成了 $\boldsymbol{A}$ 的逆矩阵 $\boldsymbol{A}^{-1}$，即 $(\boldsymbol{A}\ \vdots\ \boldsymbol{I})\xrightarrow{\text{初等行变换}}(\boldsymbol{I}\ \vdots\ \boldsymbol{A}^{-1})$.

**例 6**　用初等行变换求 $\boldsymbol{A}=\begin{bmatrix}4&3&2\\3&2&1\\2&1&1\end{bmatrix}$ 的逆矩阵.

**解**

$$[\boldsymbol{A}\ \vdots\ \boldsymbol{I}]=\left[\begin{array}{ccc:ccc}4&3&2&1&0&0\\3&2&1&0&1&0\\2&1&1&0&0&1\end{array}\right]\xrightarrow{r_1\leftrightarrow r_3}\left[\begin{array}{ccc:ccc}2&1&1&0&0&1\\3&2&1&0&1&0\\4&3&2&1&0&0\end{array}\right]$$

$$\xrightarrow{r_3+(-2)r_1}\left[\begin{array}{ccc:ccc}2&1&1&0&0&1\\3&2&1&0&1&0\\0&1&0&1&0&-2\end{array}\right]\xrightarrow[r_1+(-1)r_3]{r_2+(-2)r_3}\left[\begin{array}{ccc:ccc}2&0&1&-1&0&3\\3&0&1&-2&1&4\\0&1&0&1&0&-2\end{array}\right]$$

$$\xrightarrow[r_2\leftrightarrow r_3]{\frac{1}{2}r_1}\left[\begin{array}{ccc:ccc}1&0&\frac{1}{2}&-\frac{1}{2}&0&\frac{3}{2}\\0&1&0&1&0&-2\\3&0&1&-2&1&4\end{array}\right]\xrightarrow{r_3+(-3)r_1}\left[\begin{array}{ccc:ccc}1&0&\frac{1}{2}&-\frac{1}{2}&0&\frac{3}{2}\\0&1&0&1&0&-2\\0&0&-\frac{1}{2}&-\frac{1}{2}&1&-\frac{1}{2}\end{array}\right]$$

$$\xrightarrow{r_1+r_3}\left[\begin{array}{ccc:ccc}1&0&0&-1&1&1\\0&1&0&1&0&-2\\0&0&-\frac{1}{2}&\frac{1}{2}&1&-\frac{1}{2}\end{array}\right]\xrightarrow{-2r_3}\left[\begin{array}{ccc:ccc}1&0&0&-1&1&1\\0&1&0&1&0&-2\\0&0&1&1&-2&1\end{array}\right],$$

所以

$$\boldsymbol{A}^{-1}=\begin{bmatrix}-1&1&1\\1&0&-2\\1&-2&1\end{bmatrix}.$$

**4. 用逆矩阵求解线性方程组**

在矩阵方程中，若 $\boldsymbol{A}$ 可逆，等式两边同时左乘 $\boldsymbol{A}^{-1}$，则 $\boldsymbol{X}=\boldsymbol{A}^{-1}\boldsymbol{B}$.

**例 7** 用逆矩阵解线性方程组$\begin{cases}4x_1+3x_2+2x_3=5,\\3x_1+2x_2+x_3=8,\\2x_1+x_2+x_3=7.\end{cases}$

**解** 设$\boldsymbol{A}=\begin{bmatrix}4&3&2\\3&2&1\\2&1&1\end{bmatrix},\boldsymbol{X}=\begin{bmatrix}x_1\\x_2\\x_3\end{bmatrix},\boldsymbol{B}=\begin{bmatrix}5\\8\\7\end{bmatrix}$,

则方程组可化为矩阵方程 $\boldsymbol{AX}=\boldsymbol{B}$.

由例 6 可知，$\boldsymbol{A}^{-1}=\begin{bmatrix}-1&1&1\\1&0&-2\\1&-2&1\end{bmatrix}$.

于是 $\boldsymbol{X}=\boldsymbol{A}^{-1}\boldsymbol{B}=\begin{bmatrix}-1&1&1\\1&0&-2\\1&-2&1\end{bmatrix}\begin{bmatrix}5\\8\\7\end{bmatrix}=\begin{bmatrix}10\\-9\\-4\end{bmatrix}$,

即 $x_1=10,x_2=-9,x_3=-4$.

### 9.3.5 实际应用案例

**案例** 某商场经过多年的市场积累，有数量稳定的老客户群. 该商场主要售卖 3 种品牌的箱包，由于品牌年初进行升级转型，老客户群虽然没有流失，但品牌选择发生了转变，经统计，相关信息如下：品牌 A 的客户有 10%转向了品牌 B，有 10%转向了品牌 C；品牌 B 的客户有 20%转向了品牌 A，有 10%转向了品牌 C；品牌 C 的客户有 10%转向了品牌 A，有 20%转向了品牌 B.

转型后 3 个品牌的老客户数分别是 720,900,540，销售经理想统计一下到底有多少老客户继续选择原品牌，又有多少老客户改选了其他品牌，但发现转型之前的数据不慎遗失. 根据现有数据，是否可以计算出原来 3 个品牌的老客户数?

**解** 设 3 个品牌转型前的老客户数分别是 $a_0,b_0,c_0$，则由已知得

$$\begin{cases}720=(1-10\%-10\%)a_0+20\%b_0+10\%c_0,\\900=(1-20\%-10\%)b_0+10\%a_0+20\%c_0,\\540=(1-10\%-20\%)c_0+10\%a_0+10\%b_0,\end{cases}$$

即

$$\begin{cases}720=80\%a_0+20\%b_0+10\%c_0,\\900=10\%a_0+70\%b_0+20\%c_0,\\540=10\%a_0+10\%b_0+70\%c_0.\end{cases}$$

设$A=\begin{bmatrix}80\% & 20\% & 10\% \\ 10\% & 70\% & 20\% \\ 10\% & 10\% & 70\%\end{bmatrix}$，$X=\begin{bmatrix}a_0 \\ b_0 \\ c_0\end{bmatrix}$，$B=\begin{bmatrix}720 \\ 900 \\ 540\end{bmatrix}$，则上述方程组可以表示为$AX=B$.

经计算，$|A|=0.36\neq 0$，故有$X=A^{-1}B$.

$$[A\vdots I]=\left[\begin{array}{ccc:ccc}\frac{8}{10} & \frac{2}{10} & \frac{1}{10} & 1 & 0 & 0 \\ \frac{1}{10} & \frac{7}{10} & \frac{2}{10} & 0 & 1 & 0 \\ \frac{1}{10} & \frac{1}{10} & \frac{7}{10} & 0 & 0 & 1\end{array}\right]\xrightarrow{r_1\leftrightarrow r_3}\left[\begin{array}{ccc:ccc}\frac{1}{10} & \frac{1}{10} & \frac{7}{10} & 0 & 0 & 1 \\ \frac{1}{10} & \frac{7}{10} & \frac{2}{10} & 0 & 1 & 0 \\ \frac{8}{10} & \frac{2}{10} & \frac{1}{10} & 1 & 0 & 0\end{array}\right]$$

$$\xrightarrow[r_3+(-8)r_1]{r_2+(-1)r_1}\left[\begin{array}{ccc:ccc}\frac{1}{10} & \frac{1}{10} & \frac{7}{10} & 0 & 0 & 1 \\ 0 & \frac{6}{10} & -\frac{5}{10} & 0 & 1 & -1 \\ 0 & -\frac{6}{10} & -\frac{55}{10} & 1 & 0 & -8\end{array}\right]$$

$$\xrightarrow{r_3+r_2}\left[\begin{array}{ccc:ccc}\frac{1}{10} & \frac{1}{10} & \frac{7}{10} & 0 & 0 & 1 \\ 0 & \frac{6}{10} & -\frac{5}{10} & 0 & 1 & -1 \\ 0 & 0 & -\frac{60}{10} & 1 & 1 & -9\end{array}\right]$$

$$\xrightarrow[\left(-\frac{1}{6}\right)r_3]{\substack{10r_1 \\ \frac{5}{3}r_2}}\left[\begin{array}{ccc:ccc}1 & 1 & 7 & 0 & 0 & 10 \\ 0 & 1 & -\frac{5}{6} & 0 & \frac{10}{6} & -\frac{10}{6} \\ 0 & 0 & 1 & -\frac{1}{6} & -\frac{1}{6} & \frac{9}{6}\end{array}\right]$$

$$\xrightarrow[r_2+\frac{5}{6}r_3]{r_1+(-7)r_3}\left[\begin{array}{ccc:ccc}1 & 1 & 0 & \frac{7}{6} & \frac{7}{6} & -\frac{3}{6} \\ 0 & 1 & 0 & -\frac{5}{36} & \frac{55}{36} & -\frac{15}{36} \\ 0 & 0 & 1 & -\frac{1}{6} & -\frac{1}{6} & \frac{9}{6}\end{array}\right]$$

$$\xrightarrow{r_1+(-1)r_2}\left[\begin{array}{ccc:ccc}1 & 0 & 0 & \frac{47}{36} & -\frac{13}{36} & -\frac{3}{36}\\ 0 & 1 & 0 & -\frac{5}{36} & \frac{55}{36} & -\frac{15}{36}\\ 0 & 0 & 1 & -\frac{1}{6} & -\frac{1}{6} & \frac{9}{6}\end{array}\right],$$

故 $\boldsymbol{A}^{-1}=\begin{bmatrix}\frac{47}{36} & -\frac{13}{36} & -\frac{1}{12}\\ -\frac{5}{36} & \frac{55}{36} & -\frac{5}{12}\\ -\frac{1}{6} & -\frac{1}{6} & \frac{3}{2}\end{bmatrix}$.

所以 $\boldsymbol{X}=\boldsymbol{A}^{-1}\boldsymbol{B}=\begin{bmatrix}\frac{47}{36} & -\frac{13}{36} & -\frac{1}{12}\\ -\frac{5}{36} & \frac{55}{36} & -\frac{5}{12}\\ -\frac{1}{6} & -\frac{1}{6} & \frac{3}{2}\end{bmatrix}\begin{bmatrix}720\\ 900\\ 540\end{bmatrix}=\begin{bmatrix}570\\ 1\,050\\ 540\end{bmatrix}$.

故原来 3 个品牌的老客户数分别为 570 人、1 050 人和 540 人.

## 习题 9.3

1. 用初等行变换将下列矩阵化为行阶梯形矩阵：

(1) $\begin{bmatrix}1 & 4 & -1\\ 3 & 5 & 10\end{bmatrix}$；　　(2) $\begin{bmatrix}1 & -2 & 3\\ 0 & -1 & 1\\ 2 & 2 & 3\end{bmatrix}$.

2. 用初等行变换将下列矩阵化为行标准形矩阵：

(1) $\begin{bmatrix}-2 & 3 & 2\\ 1 & 1 & 0\\ 0 & -1 & 4\end{bmatrix}$；　　(2) $\begin{bmatrix}1 & 3 & -6 & 7\\ 2 & 2 & -4 & 6\\ 6 & 2 & 4 & 10\end{bmatrix}$.

3. 求下列矩阵的秩：

(1) $\begin{bmatrix}1 & 2 & 2 & 11\\ 1 & -3 & -3 & -14\\ 3 & 1 & 1 & 8\end{bmatrix}$；　　(2) $\begin{bmatrix}1 & 4 & -1 & 2 & 2\\ 2 & -2 & 1 & 1 & 0\\ -2 & -1 & 3 & 2 & 0\end{bmatrix}$.

4. 求下列矩阵的逆矩阵：

（1）$\begin{bmatrix}1&1\\2&3\end{bmatrix}$；　（2）$\begin{bmatrix}2&1&0\\1&0&1\\-3&2&-5\end{bmatrix}$；　（3）$\begin{bmatrix}1&2&3\\1&1&2\\0&1&2\end{bmatrix}$.

5. 用逆矩阵解下列线性方程组：

（1）$\begin{cases}2x+5y=1,\\3x+7y=2;\end{cases}$　（2）$\begin{cases}x-y-z=2,\\2x-y-3z=1,\\3x+2y-5z=0.\end{cases}$

6. 解下列矩阵方程：

（1）$\begin{bmatrix}2&5\\1&3\end{bmatrix}\boldsymbol{X}=\begin{bmatrix}4&-6\\2&1\end{bmatrix}$；　（2）$\begin{bmatrix}1&0&1\\-2&0&-1\\2&1&1\end{bmatrix}\boldsymbol{X}=\begin{bmatrix}5&-1\\-2&3\\1&4\end{bmatrix}$.

7. 某工厂生产 $A,B,C$ 3 种产品，每件产品的成本包含原材料成本，劳动力成本和管理费成本，每件产品的成本(单位：元/件)如表 9.9 所示.

**表 9.9　产品成本**

| 成本 | 产品 | | |
|---|---|---|---|
| | ***A*** | ***B*** | ***C*** |
| 原材料 | 1 | 3 | 5 |
| 劳动力 | 3 | 4 | 2 |
| 管理费 | 1 | 2 | 5 |

已知一周内生产 3 种产品的总成本分别为 910 元、1 040 元、780 元，那么这周内 3 种产品的产量分别是多少件？

## 9.4　解线性方程组

### 学习目标

1. 理解线性方程组的一般概念并能识别非齐次线性方程组及齐次线性方程组.
2. 掌握非齐次线性方程组解的定理.
3. 掌握齐次线性方程组解的定理.
4. 掌握非齐次线性方程组的解法.
5. 掌握齐次线性方程组的解法.

生产活动和科学技术中的很多问题可归结为解一个线性方程组，线性方程组是线性代数的核心内容，在理论和实际中都有非常重要的应用. 对于未知数个数与方程的个数相等且系数矩阵可逆的线性方程组，前面已经介绍了用逆矩阵进行求解的方法. 对于含有 $m$ 个方程、$n$ 个未知数的一般线性方程组，情况就变得复杂了. 对于这样的线性方程组需要解决的问题是：

(1) 方程组是否有解?

(2) 在有解的情形下，解是否唯一?

(3) 解不唯一时，如何求出所有解?

关于对线性方程组求解的研究，早在公元前 1 世纪左右，我国古代数学著作《九章算术》已对线性方程组的解法进行了详细的描述，这种线性方程组的解法其实就等同于当前较为流行的"高斯消元法". 高斯消元法在对线性方程组进行求解的过程中，主要通过对方程组的增广矩阵进行初等行变换，达到消除未知量的目的，从而实现求解. 西方国家在 17 世纪后期才开始热衷于对线性方程组求解的研究. 当时，德国数学家莱布尼茨就曾对含 2 个未知数的 3 个线性方程所构成的线性方程组进行研究，并取得一定的研究成果；苏格兰数学家麦克劳林于 18 世纪初期开始对包含 2 个、3 个乃至 4 个未知数的线性方程组进行研究，并取得"克拉默法则"这一研究结果；18 世纪后期时，法国数学家贝祖展开了对线性方程组理论的研究，其研究结果表明系数行列式等于零就是一元齐次线性方程组有非零解的条件.

## 9.4.1 线性方程组的一般概念

线性方程组的一般形式为

$$\begin{cases} a_{11}x_1+a_{12}x_2+\cdots+a_{1n}x_n=b_1, \\ a_{21}x_1+a_{22}x_2+\cdots+a_{2n}x_n=b_2, \\ \qquad\qquad\vdots \\ a_{m1}x_1+a_{m2}x_2+\cdots+a_{mn}x_n=b_m, \end{cases} \tag{1}$$

记 $\boldsymbol{A}=\begin{bmatrix} a_{11} & a_{12} & \cdots & a_{1n} \\ a_{21} & a_{22} & \cdots & a_{2n} \\ \vdots & \vdots & & \vdots \\ a_{m1} & a_{m2} & \cdots & a_{mn} \end{bmatrix}$, $\boldsymbol{X}=\begin{bmatrix} x_1 \\ x_2 \\ \vdots \\ x_n \end{bmatrix}$, $\boldsymbol{B}=\begin{bmatrix} b_1 \\ b_2 \\ \vdots \\ b_m \end{bmatrix}$,

其中 $\boldsymbol{A}$ 称为方程组的系数矩阵，$\boldsymbol{X}$ 和 $\boldsymbol{B}$ 分别称为未知数列矩阵和常数列矩阵，则线性方程组的矩阵形式可表示为 $\boldsymbol{AX}=\boldsymbol{B}$.

称 $\tilde{A}=[A \vdots B]=\begin{bmatrix} a_{11} & a_{12} & \cdots & a_{1n} & b_1 \\ a_{21} & a_{22} & \cdots & a_{2n} & b_2 \\ \vdots & \vdots & & \vdots & \vdots \\ a_{m1} & a_{m2} & \cdots & a_{mn} & b_m \end{bmatrix}$ 为线性方程组的**增广矩阵**.

方程组的增广矩阵完全反映了线性方程组的全貌，线性方程组的解完全可由方程组的增广矩阵确定.

当 $b_1,b_2,\cdots,b_m$ 不全为零时，称为**非齐次线性方程组**.

当 $b_1=b_2=\cdots=b_m=0$ 时，称为**齐次线性方程组**.

齐次线性方程组的形式为

$$\begin{cases} a_{11}x_1+a_{12}x_2+\cdots+a_{1n}x_n=0, \\ a_{21}x_1+a_{22}x_2+\cdots+a_{2n}x_n=0, \\ \qquad\vdots \\ a_{m1}x_1+a_{m2}x_2+\cdots+a_{mn}x_n=0. \end{cases} \tag{2}$$

齐次线性方程组的矩阵形式可表示为 $AX=O$.

齐次线性方程组的解完全可由方程组的系数矩阵 $A$ 确定.

## 9.4.2 高斯消元法

在中学阶段用消元法解线性方程组，实际上就是对方程组反复进行以下 3 种同解变形：

(1) 互换某两个方程的位置；

(2) 用一个非零常数 $k$ 乘某个方程；

(3) 将某一个方程的 $k$ 倍加到另一个方程.

从矩阵的角度看，对方程组进行的 3 种变形相当于对方程组的**增广矩阵**进行相应的**初等行变换**：

(1) 互换矩阵的某两行；

(2) 用一个非零常数 $k$ 乘矩阵的某一行；

(3) 将矩阵某一行的 $k$ 倍加到另一个行.

**定理 1**　用初等行变换将线性方程组的增广矩阵 $[A \vdots B]$ 化为 $[C \vdots D]$，则线性方程组 $AX=B$ 与 $CX=D$ 同解.

由同解定理可得线性方程组的求解方法：

**用初等行变换将线性方程组的增广矩阵 $[A \vdots B]$ 化为行标准形矩阵，再求出行标准形矩阵对应的线性方程组的解，即为原线性方程组的解.**

这种解线性方程组的方法称为高斯消元法.

**例 1** 解方程组

$$\begin{cases}2x_1-x_2+5x_3=6,\\ x_1+x_2+\ x_3=3,\\ 3x_1+x_2-2x_3=2.\end{cases}$$

**解** $\begin{bmatrix}2&-1&5&6\\1&1&1&3\\3&1&-2&2\end{bmatrix}\xrightarrow{r_1\leftrightarrow r_2}\begin{bmatrix}1&1&1&3\\2&-1&5&6\\3&1&-2&2\end{bmatrix}\xrightarrow[r_3+(-3)r_1]{r_2+(-2)r_1}\begin{bmatrix}1&1&1&3\\0&-3&3&0\\0&-2&-5&-7\end{bmatrix}$

$\xrightarrow{\left(-\frac{1}{3}\right)r_2}\begin{bmatrix}1&1&1&3\\0&1&-1&0\\0&-2&-5&-7\end{bmatrix}\xrightarrow{r_3+2r_2}\begin{bmatrix}1&1&1&3\\0&1&-1&0\\0&0&-7&-7\end{bmatrix}$

$\xrightarrow{\left(-\frac{1}{7}\right)r_3}\begin{bmatrix}1&1&1&3\\0&1&-1&0\\0&0&1&1\end{bmatrix}\xrightarrow[\substack{r_1+(-1)r_3\\ r_1+(-1)r_2}]{r_2+r_3}\begin{bmatrix}1&0&0&1\\0&1&0&1\\0&0&1&1\end{bmatrix},$

方程组的解为

$$\begin{cases}x_1=1,\\ x_2=1,\\ x_3=1.\end{cases}$$

## 9.4.3 非齐次线性方程组

现在讨论本节一开始提出的问题：(1)方程组是否一定有解？(2)若有解，解是否唯一？(3)解不唯一时，如何求出所有解？为此，下面先给出线性方程组的解的定理.

**定理 2** 对于 $n$ 元非齐次线性方程组 $\boldsymbol{AX}=\boldsymbol{B}$，有

(1) 若 $r(\boldsymbol{A})\neq r(\tilde{\boldsymbol{A}})$，则非齐次线性方程组无解；

(2) 若 $r(\boldsymbol{A})=r(\tilde{\boldsymbol{A}})=n$，则非齐次线性方程组有唯一解；

(3) 若 $r(\boldsymbol{A})=r(\tilde{\boldsymbol{A}})<n$，则非齐次线性方程组有无穷多解.

解非齐次线性方程组的步骤：

(1) 写出方程组对应的增广矩阵；

(2) 对增广矩阵进行初等行变换，将其化为行阶梯形矩阵，考察 $r(\boldsymbol{A})$ 与 $r(\tilde{\boldsymbol{A}})$ 是否相等；

(3) 若不相等，则方程组无解；

(4) 若相等，则进一步将行阶梯形矩阵化为行标准形矩阵；

(5) 写出行标准形矩阵对应的线性方程组，并求出它的解，就是原方程组的解.

**例 2**　解线性方程组$\begin{cases} x_1 + \quad 2x_3 = -1, \\ x_1 - x_2 + 3x_3 = -2, \\ -2x_1 + x_2 - 5x_3 = 5. \end{cases}$

**解**　写出方程组的增广矩阵并将其化为行阶梯形矩阵：

$$\tilde{A} = \begin{bmatrix} 1 & 0 & 2 & -1 \\ 1 & -1 & 3 & -2 \\ -2 & 1 & -5 & 5 \end{bmatrix} \xrightarrow[r_3+2r_1]{r_2+(-1)r_1} \begin{bmatrix} 1 & 0 & 2 & -1 \\ 0 & -1 & 1 & -1 \\ 0 & 1 & -1 & 3 \end{bmatrix} \xrightarrow{r_3+r_2} \begin{bmatrix} 1 & 0 & 2 & -1 \\ 0 & -1 & 1 & -1 \\ 0 & 0 & 0 & 2 \end{bmatrix}.$$

可见，$r(\boldsymbol{A}) = 2 \neq r(\tilde{\boldsymbol{A}}) = 3$，因此方程组无解.

**例 3**　解线性方程组$\begin{cases} x_1 - x_2 + 3x_3 = -8, \\ 2x_1 + 3x_2 + x_3 = 4, \\ 3x_1 - x_2 + 2x_3 = -1, \\ x_1 + 2x_2 - 3x_3 = 13. \end{cases}$

**解**　写出方程组的增广矩阵并将其化为行阶梯形矩阵：

$$\tilde{A} = \begin{bmatrix} 1 & -1 & 3 & -8 \\ 2 & 3 & 1 & 4 \\ 3 & -1 & 2 & -1 \\ 1 & 2 & -3 & 13 \end{bmatrix} \xrightarrow[\substack{r_3+(-3)r_1 \\ r_4+(-1)r_1}]{r_2+(-2)r_1} \begin{bmatrix} 1 & -1 & 3 & -8 \\ 0 & 5 & -5 & 20 \\ 0 & 2 & -7 & 23 \\ 0 & 3 & -6 & 21 \end{bmatrix}$$

$$\xrightarrow[\frac{1}{3}r_3]{\frac{1}{5}r_2} \begin{bmatrix} 1 & -1 & 3 & -8 \\ 0 & 1 & -1 & 4 \\ 0 & 2 & -7 & 23 \\ 0 & 1 & -2 & 7 \end{bmatrix} \xrightarrow[r_4+(-1)r_2]{r_3+(-2)r_2} \begin{bmatrix} 1 & -1 & 3 & -8 \\ 0 & 1 & -1 & 4 \\ 0 & 0 & -5 & 15 \\ 0 & 0 & -1 & 3 \end{bmatrix}$$

$$\xrightarrow{-\frac{1}{5}r_3} \begin{bmatrix} 1 & -1 & 3 & -8 \\ 0 & 1 & -1 & 4 \\ 0 & 0 & 1 & -3 \\ 0 & 0 & -1 & 3 \end{bmatrix} \xrightarrow{r_4+r_3} \begin{bmatrix} 1 & -1 & 3 & -8 \\ 0 & 1 & -1 & 4 \\ 0 & 0 & 1 & -3 \\ 0 & 0 & 0 & 0 \end{bmatrix}.$$

由最后一个行阶梯形矩阵可以看出，$r(\boldsymbol{A}) = r(\tilde{\boldsymbol{A}}) = 3$，所以方程组有唯一解.

继续对最后一个矩阵进行初等行变换，将其化为行标准形矩阵：

$$\xrightarrow[r_2+r_3]{r_1+r_2} \begin{bmatrix} 1 & 0 & 2 & -4 \\ 0 & 1 & 0 & 1 \\ 0 & 0 & 1 & -3 \\ 0 & 0 & 0 & 0 \end{bmatrix} \xrightarrow{r_1+(-2)r_3} \begin{bmatrix} 1 & 0 & 0 & 2 \\ 0 & 1 & 0 & 1 \\ 0 & 0 & 1 & -3 \\ 0 & 0 & 0 & 0 \end{bmatrix}.$$

由该行标准形矩阵对应的方程组，得原方程组的解为

$$\begin{cases}x_1=2,\\x_2=1,\\x_3=-3.\end{cases}$$

**例 4** 解方程组 $\begin{cases}x_1+2x_2+3x_3-x_4=2,\\3x_1+2x_2+x_3-x_4=4,\\x_1-2x_2-5x_3+x_4=0.\end{cases}$

**解** 写出方程组的增广矩阵并将其化为行阶梯形矩阵：

$$\tilde{A}=\begin{bmatrix}1&2&3&-1&2\\3&2&1&-1&4\\1&-2&-5&1&0\end{bmatrix}\xrightarrow[r_3+(-1)r_1]{r_2+(-3)r_1}\begin{bmatrix}1&2&3&-1&2\\0&-4&-8&2&-2\\0&-4&-8&2&-2\end{bmatrix}$$

$$\xrightarrow[-\frac{1}{4}r_2]{r_3+(-1)r_2}\begin{bmatrix}1&2&3&-1&2\\0&1&2&-\frac{1}{2}&\frac{1}{2}\\0&0&0&0&0\end{bmatrix}.$$

由最后的行阶梯形矩阵可知，$r(A)=r(\tilde{A})=2<4=n$，因此方程组有无穷多解.

继续将上面的行阶梯形矩阵化为行标准形矩阵，得

$$\xrightarrow{r_1+(-2)r_2}\begin{bmatrix}1&0&-1&0&1\\0&1&2&-\frac{1}{2}&\frac{1}{2}\\0&0&0&0&0\end{bmatrix},$$

这个行标准形矩阵对应的方程组为

$$\begin{cases}x_1-x_3=1,\\x_2+2x_3-\frac{1}{2}x_4=\frac{1}{2}.\end{cases}$$

这个方程组有 4 个未知数，只有两个方程，因此有两个未知数可以自由取值. 把行标准形矩阵中非零行的首非零元所对应的未知数 $x_1,x_2$ 作为基变量，$x_3,x_4$ 取为自由未知数，将自由未知数移到等号的右端，得

$$\begin{cases}x_1=x_3+1,\\x_2=-2x_3+\frac{1}{2}x_4+\frac{1}{2}.\end{cases}$$

给定 $x_3,x_4$ 的任意一组值，可得方程组的一组解，由于 $x_3,x_4$ 可以取任意值，因此方程组有无穷多解. 令 $x_3=k_1,x_4=k_2$，则方程组的解为

$$\begin{cases} x_1=k_1+1, \\ x_2=-2k_1+\dfrac{1}{2}k_2+\dfrac{1}{2}, \\ x_3=k_1, \\ x_4=k_2 \end{cases}\text{（其中 } k_1,k_2 \text{ 为任意常数）.} \tag{3}$$

称这样的解为一般解或通解.

通解(3)的矩阵形式为

$$\begin{bmatrix} x_1 \\ x_2 \\ x_3 \\ x_4 \end{bmatrix}=\begin{bmatrix} k_1+0k_2+1 \\ -2k_1+\dfrac{1}{2}k_2+\dfrac{1}{2} \\ k_1+0k_2+0 \\ 0k_1+k_2+0 \end{bmatrix}=k_1\begin{bmatrix} 1 \\ -2 \\ 1 \\ 0 \end{bmatrix}+k_2\begin{bmatrix} 0 \\ \dfrac{1}{2} \\ 0 \\ 1 \end{bmatrix}+\begin{bmatrix} 1 \\ \dfrac{1}{2} \\ 0 \\ 0 \end{bmatrix}. \tag{4}$$

一般地，对于 $n$ 元非齐次线性方程组，若 $r(\boldsymbol{A})=r(\tilde{\boldsymbol{A}})<n$，则自由未知数的个数为 $n-r(\boldsymbol{A})$.

## 9.4.4　齐次线性方程组

由于齐次线性方程组(2)的增广矩阵的最后一列全为 0，因此只需用系数矩阵讨论齐次线性方程组. 其解的定理如下.

**定理 3**　(1) 若 $r(\boldsymbol{A})=n$，则齐次线性方程组只有零解；

(2) 若 $r(\boldsymbol{A})<n$，则齐次线性方程组有非零解，且解有无穷多个.

**例 5**　解齐次线性方程组 $\begin{cases} x_1+x_2-x_3=0, \\ x_1-2x_2-2x_3=0, \\ 2x_1-x_2+4x_3=0. \end{cases}$

**解**　将方程组的系数矩阵化为行阶梯形矩阵：

$$\boldsymbol{A}=\begin{bmatrix} 1 & 1 & -1 \\ 1 & -2 & -2 \\ 2 & -1 & 4 \end{bmatrix}\xrightarrow[r_3+(-2)r_1]{r_2+(-1)r_1}\begin{bmatrix} 1 & 1 & -1 \\ 0 & -3 & -1 \\ 0 & -3 & 6 \end{bmatrix}\xrightarrow{r_3+(-1)r_2}\begin{bmatrix} 1 & 1 & -1 \\ 0 & -3 & -1 \\ 0 & 0 & 7 \end{bmatrix}.$$

由行阶梯形矩阵，可知 $r(\boldsymbol{A})=n=3$，因此方程组只有零解.

**例 6**　解齐次线性方程组 $\begin{cases} x_1+3x_2-8x_3=0, \\ 3x_1-x_2+2x_3=0, \\ 2x_1+x_2-3x_3=0. \end{cases}$

**解** 将方程组的系数矩阵化为行阶梯形矩阵：

$$A=\begin{bmatrix}1&3&-8\\3&-1&2\\2&1&-3\end{bmatrix}\xrightarrow[r_3+(-2)r_1]{r_2+(-3)r_1}\begin{bmatrix}1&3&-8\\0&-10&26\\0&-5&13\end{bmatrix}\xrightarrow{r_3+\left(-\frac{1}{2}\right)r_2}\begin{bmatrix}1&3&-8\\0&-10&26\\0&0&0\end{bmatrix}.$$

由最后一个行阶梯形矩阵可以看出，$r(A)=2<3=n$，所以方程组有无穷多解.

继续对最后一个矩阵进行初等行变换，将其化为行标准形矩阵.

$$\xrightarrow{-\frac{1}{10}r_2}\begin{bmatrix}1&3&-8\\0&1&-\frac{13}{5}\\0&0&0\end{bmatrix}\xrightarrow{r_1+(-3)r_2}\begin{bmatrix}1&0&-\frac{1}{5}\\0&1&-\frac{13}{5}\\0&0&0\end{bmatrix}.$$

上面最后一个矩阵对应的方程组为

$$\begin{cases}x_1-\dfrac{1}{5}x_3=0,\\x_2-\dfrac{13}{5}x_3=0,\end{cases}$$

取 $x_3$ 为自由未知数，移项得

$$\begin{cases}x_1=\dfrac{1}{5}x_3,\\x_2=\dfrac{13}{5}x_3,\end{cases}$$

令 $x_3=k$，则方程组的一般解为

$$\begin{cases}x_1=\dfrac{1}{5}k,\\x_2=\dfrac{13}{5}k,\text{（其中 }k\text{ 为任意常数），}\\x_3=k\end{cases}$$

其矩阵形式为

$$\begin{bmatrix}x_1\\x_2\\x_3\end{bmatrix}=k\begin{bmatrix}\frac{1}{5}\\\frac{13}{5}\\1\end{bmatrix}\text{（其中 }k\text{ 为任意常数）}.$$

**例 7** 解齐次线性方程组 $\begin{cases}x_1-x_2-x_3+x_4=0,\\x_1-x_2+x_3-3x_4=0,\\x_1-x_2-2x_3+3x_4=0.\end{cases}$

**解**　将方程组的系数矩阵化为行阶梯形矩阵:

$$A=\begin{bmatrix}1&-1&-1&1\\1&-1&1&-3\\1&-1&-2&3\end{bmatrix}\xrightarrow[r_3+(-1)r_1]{r_2+(-1)r_1}\begin{bmatrix}1&-1&-1&1\\0&0&2&-4\\0&0&-1&2\end{bmatrix}$$

$$\xrightarrow[r_2+(-2)r_3]{r_1+(-1)r_3}\begin{bmatrix}1&-1&0&-1\\0&0&0&0\\0&0&-1&2\end{bmatrix}\xrightarrow{-r_3\leftrightarrow r_2}\begin{bmatrix}1&-1&0&-1\\0&0&1&-2\\0&0&0&0\end{bmatrix}.$$

由于 $r(A)=2<4$，所以方程组有无穷多解.

上面最后一个矩阵对应的方程组为

$$\begin{cases}x_1-x_2-x_4=0,\\x_3-2x_4=0,\end{cases}$$

自由未知数个数为 $4-2=2$，取 $x_2,x_4$ 为自由未知数，移项得

$$\begin{cases}x_1=x_2+x_4,\\x_3=2x_4,\end{cases}$$

令 $x_2=k_1,x_4=k_2$，则方程组的一般解为

$$\begin{cases}x_1=k_1+k_2,\\x_2=k_1,\\x_3=2k_2,\\x_4=k_2\end{cases}\quad(\text{其中 } k_1,k_2 \text{ 为任意常数}).$$

解的矩阵形式为

$$\begin{bmatrix}x_1\\x_2\\x_3\\x_4\end{bmatrix}=\begin{bmatrix}k_1+k_2\\k_1+0k_2\\0k_1+2k_2\\0k_1+k_2\end{bmatrix}=k_1\begin{bmatrix}1\\1\\0\\0\end{bmatrix}+k_2\begin{bmatrix}1\\0\\2\\1\end{bmatrix}\ (\text{其中 } k_1,k_2 \text{ 为任意常数}).$$

### 9.4.5　实际应用案例

**案例**　一幢大的公寓建筑使用模块建筑技术，设计师提供了 3 种设计方案供选择，每层楼的建筑设计在 3 种设计方案中进行选择. 已知方案 1 每层有 18 个公寓，包括 3 个三室单元、7 个两室单元和 8 个一室单元；方案 2 每层有 16 个公寓，包括 4 个三室单元、4 个两室单元和 8 个一室单元；方案 3 每层有 17 个公寓，包括 5 个三室单元、3 个两室单元和 9 个一室单元. 若要求该建筑恰有 66 个三室单元、74 个两室单元和 136 个一室单元，则该

建筑分别有多少层采用方案 1、方案 2 和方案 3？

**解** 设采用方案 1、方案 2 和方案 3 的层数分别为 $x_1,x_2,x_3$，由已知得

$$\begin{cases}3x_1+4x_2+5x_3=66,\\7x_1+4x_2+3x_3=74,\\8x_1+8x_2+9x_3=136.\end{cases}$$

$$\tilde{\boldsymbol{A}}=\begin{bmatrix}3&4&5&66\\7&4&3&74\\8&8&9&136\end{bmatrix}\xrightarrow{\text{初等行变换}}\begin{bmatrix}1&0&-\frac{1}{2}&2\\0&1&\frac{13}{8}&15\\0&0&0&0\end{bmatrix},$$

即原方程组化简为

$$\begin{cases}x_1-\frac{1}{2}x_3=2,\\x_2+\frac{13}{8}x_3=15.\end{cases}$$

此方程组有无穷多解，由实际意义可知 3 种方案的楼层数应为非负整数，故有两组解符合实际意义：

$$\begin{cases}x_1=2,\\x_2=15,\\x_3=0\end{cases}\text{和}\begin{cases}x_1=6,\\x_2=2,\\x_3=8.\end{cases}$$

因此有两种选择. 第一种：共建 17 层，其中 2 层采用方案 1，15 层采用方案 2. 第二种：共建 16 层，其中 6 层采用方案 1，2 层采用方案 2，8 层采用方案 3.

## 习题 9.4

1. 写出下列方程组的矩阵形式，并写出其增广矩阵：

（1）$\begin{cases}x_1+2x_2+3x_3=4,\\3x_1+5x_2+7x_3=9,\\5x_1+8x_2+11x_3=14;\end{cases}$ （2）$\begin{cases}x_1-x_2+x_3-x_4=0,\\2x_1-x_2+3x_3-2x_4=-1,\\3x_1-2x_2-x_3+2x_4=4.\end{cases}$

2. 解下列方程组：

（1）$\begin{cases}2x_1+x_2-x_3=1,\\x_1-3x_2+4x_3=2,\\11x_1-12x_2+17x_3=3;\end{cases}$ （2）$\begin{cases}3x_1-x_2+2x_3=10,\\4x_1+2x_2-x_3=9,\\x_1+3x_2=8;\end{cases}$

(3) $\begin{cases} x_1+2x_2-3x_3=13, \\ 2x_1+3x_2+x_3=4, \\ 3x_1-x_2+2x_3=-1, \\ x_1-x_2+3x_3=-8; \end{cases}$　　(4) $\begin{cases} x_1-2x_2-2x_3+2x_4=2, \\ x_2-x_3-x_4=1, \\ x_1+x_2-x_3+3x_4=1, \\ x_1-x_2+x_3+5x_4=-1; \end{cases}$

(5) $\begin{cases} x_1+x_3=0, \\ x_1-x_2+x_3=0, \\ 2x_1+x_2-x_3=0; \end{cases}$　　(6) $\begin{cases} x_1-3x_2+x_3-2x_4=0, \\ -5x_1+x_2-2x_3+3x_4=0, \\ -x_1-x_2+2x_3-5x_4=0, \\ 3x_1+5x_2+x_4=0. \end{cases}$

3. $\lambda$ 为何值时，方程组 $\begin{cases} 2x_1-x_2+x_3+x_4=1, \\ x_1+2x_2-x_3+4x_4=2, \\ x_1+7x_2-4x_3+11x_4=\lambda \end{cases}$ 有解？并求其解.

4. 已知西安市某十字路口有两组单行道，包含 $A,B,C,D$ 4 个节点，汽车进出十字路口的流量(每小时的车流数)如图 9.2 所示，试求每两个节点之间路段上的交通流量.

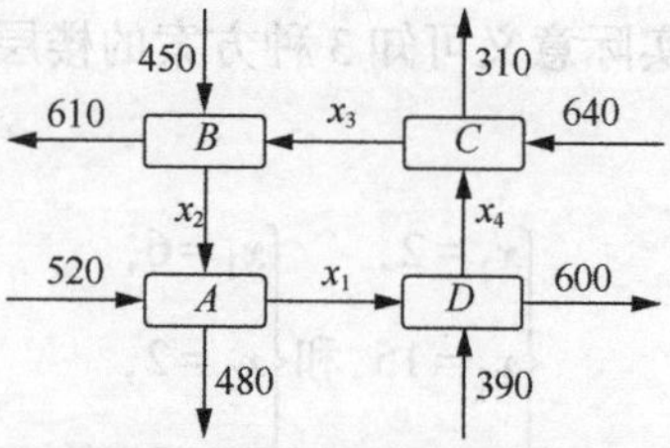


**图 9.2　十字路口的交通流量**

## 9.5　行列式、矩阵相关运算及解线性方程组的 MATLAB 实现

**学习目标**

1. 能利用 MATLAB 计算行列式.
2. 能利用 MATLAB 进行矩阵相关运算.
3. 能利用 MATLAB 求解线性方程组.

MATLAB 是基于矩阵运算，用于进行数学和工程计算的系统，其具有很多生成不同类型矩阵的命令，可对矩阵进行各种复杂的运算，所以运用 MATLAB 可以轻松地解决一些线性代数题目.

## 9.5.1 利用 MATLAB 计算行列式

### 1. MATLAB 中用于计算行列式的命令

利用 MATLAB 计算行列式的值时，需要将行列式以矩阵的形式输入，再借助命令 det 就可以求出行列式的值，其调用格式为“det(A)”，其中“A”为 $n$ 阶方阵. 利用命令 det 既可以计算元素全为数字的行列式，也可以计算含有变量的行列式.

### 2. 利用 MATLAB 计算行列式举例

**例 1** 利用 MATLAB 计算行列式 $\begin{vmatrix} 1 & 5 & 2 & 1 \\ 2 & 5 & 1 & 0 \\ 3 & 5 & 0 & 3 \\ -4 & -5 & 0 & 4 \end{vmatrix}$ 的值.

**命令**

```
>>clear                                      %清空记忆
>>A=[1 5 2 1;2 5 1 0 ;3 5 0 3;-4.5 0 4];     %将行列式以矩阵形式输入
>>det(A)
```

**运行结果**

```
ans=-20
```

**例 2** 利用 MATLAB 计算行列式 $\begin{vmatrix} a & -1 & 0 & 0 \\ 1 & a & -1 & 0 \\ 0 & 1 & a & -1 \\ 0 & 0 & 1 & a \end{vmatrix}$ 的值.

**命令**

```
>>clear                                      %清空记忆
>>syms a                                     %声明变量
>>A=[a.1 0 0;1 a.1 0;0 1 a.1;0 0 1 a];       %将行列式以矩阵形式输入
>>det(A)
```

**运行结果**

```
ans=a^4 + 3 * a^2 + 1
```

## 9.5.2　利用 MATLAB 进行矩阵运算

### 1. 利用 MATLAB 进行矩阵运算的命令

利用 MATLAB 进行矩阵运算的命令如表 9.10 所示.

**表 9.10　利用 MATLAB 进行矩阵运算的命令**

| 命令 | 意义 |
| --- | --- |
| [ ] | 生成空矩阵 |
| eye(n) | 生成 $n$ 阶单位矩阵 |
| zeros(n) | 生成 $n$ 阶零矩阵 |
| zeros(m,n) | 生成 $m\times n$ 阶零矩阵 |
| zeros(size(A)) | 生成与矩阵 $\boldsymbol{A}$ 同阶的零矩阵 |
| ones(m,n) | 生成 $m\times n$ 阶元素全为 1 的矩阵 |
| det(A) | 求矩阵 $\boldsymbol{A}$ 的行列式的值 |
| diag(A) | 求矩阵 $\boldsymbol{A}$ 的对角元素 |
| triu(A) | 生成上三角阵 |
| tril(A) | 生成下三角阵 |
| A' | 矩阵 $\boldsymbol{A}$ 的转置矩阵 |
| A+B | 矩阵 $\boldsymbol{A}$ 与 $\boldsymbol{B}$ 的和 |
| A-B | 矩阵 $\boldsymbol{A}$ 与 $\boldsymbol{B}$ 的差 |
| k *A | 数 $k$ 与矩阵 $\boldsymbol{A}$ 的乘积 |
| A *B | 矩阵 $\boldsymbol{A}$ 与 $\boldsymbol{B}$ 的乘积 |
| A^k | 方阵 $\boldsymbol{A}$ 的 $k$ 次幂 |
| rank(A) | 求矩阵 $\boldsymbol{A}$ 的秩 |
| inv(A) | 求矩阵 $\boldsymbol{A}$ 的逆 |

### 2. 利用 MATLAB 进行矩阵运算举例

**例 3**　设 $\boldsymbol{A}=\begin{bmatrix}3 & -1 & 1\\ 1 & 0 & 2\\ 4 & 2 & -3\end{bmatrix}$, $\boldsymbol{B}=\begin{bmatrix}5 & 1 & -4\\ 0 & 3 & 2\\ 3 & -2 & 1\end{bmatrix}$，利用 MATLAB 计算：

(1) $\boldsymbol{A}^{\mathrm{T}}$；(2) $\boldsymbol{A}+\boldsymbol{B}$；(3) $3\boldsymbol{A}-2\boldsymbol{B}$；(4) $\boldsymbol{AB}$；(5) $\boldsymbol{A}^3$；(6) $\boldsymbol{B}^{-1}$；(7) $\boldsymbol{B}$ 的秩.

(1) **命令**

```
>>clear
>>A=[3.1 1;1 0 2;4 2.3];
>>A'
```

运行结果

```
ans = 3    1    4
      .1   0    2
      1    2.   3
```

(2) 命令

```
>>clear
>>A=[3.1 1;1 0 2;4 2.3];
>>B=[5 1.4;0 3 2;3.2 1];
>>A+B
```

运行结果

```
ans = 8    0    .3
      1    3    4
      7    0    .2
```

(3) 命令

```
>>clear
>>A=[3.1 1;1 0 2;4 2.3];
>>B=[5 1.4;0 3 2;3.2 1];
>>3*A-2*B
```

运行结果

```
ans =.1   .5   11
      3   .6   2
      6   10   .11
```

(4) 命令

```
>>clear
>>A=[3.1 1;1 0 2;4 2.3];
>>B=[5 1.4;0 3 2;3.2 1];
>>A*B
```

运行结果

```
ans = 18  .2  .13
      11  .3  .2
      11  16  .15
```

(5) 命令

```
>>clear
>>A=[3.1 1;1 0 2;4 2.3];
>>A^3
```

运行结果

```
ans = 27   .16     16
      16   .21     32
      64   32      .69
```

(6) 命令

```
>>clear
>>B=[5 1.4;0 3 2;3.2 1];
>>inv(B)
```

运行结果

```
ans = 0.0909    0.0909    0.1818
      0.0779    0.2208   .0.1299
     .0.1169    0.1688    0.1948
```

(7) 命令

```
>>clear
>>B=[5 1.4;0 3 2;3.2 1];
>>rank(B)
```

运行结果

```
ans = 3
```

### 9.5.3　利用 MATLAB 求解线性方程组

**1. 利用 MATLAB 求解线性方程组的命令**

利用 MATLAB 求解线性方程组的命令如表 9.11 所示.

**表 9.11 利用 MATLAB 求解线性方程组的命令**

| 命令 | 意义 |
|---|---|
| null(A,'r') | 求齐次线性方程组 $AX=0$ 的基础解系 |
| A\B | 求非齐次线性方程组 $AX=B$ 的唯一解或特解 |
| rref(A) | 将矩阵 $A$ 化成阶梯形矩阵 |

求解非齐次线性方程组的通解时，需要先判断方程组是否有解，若有解，再去求通解，求解步骤如下：

第一步　判断 $AX=B$ 是否有解，若有解，则进行第二步；

第二步　求 $AX=B$ 的一个特解；

第三步　求 $AX=0$ 的通解；

第四步　$AX=B$ 的通解为 $AX=0$ 的通解加上 $AX=B$ 的一个特解.

**2. 利用 MATLAB 求解线性方程组举例**

**例 4**　利用 MATLAB 求解非齐次线性方程组 $\begin{cases} x_1-2x_2-4x_3=9, \\ 3x_1+2x_2-3x_3=5, \\ 4x_1+3x_2-x_3=6. \end{cases}$

**命令**

```
>>clear
>>A=[1.2.4;3 2.1;4 3.1];
>>B=[9 5 6]';
>>RA=rank(A)              %求矩阵 A 的秩
>>X=A\B                   %求解非齐次线性方程组的唯一解/特解
```

**运行结果**

```
RA = 3
X =  1
     0
    .2
```

**例 5**　利用 MATLAB 求解齐次线性方程组 $\begin{cases} x_1+2x_2+2x_3+x_4=0, \\ 2x_1+x_2-2x_3-2x_4=0, \\ x_1-x_2-4x_3-3x_4=0 \end{cases}$ 的通解.

**方法一**

**命令**

```
>>clear
>>A=[1 2 2 1;2 1.2.2;1.1.4.3];
>>format rat                          %指定有理格式输出
>>Z=null(A,'r')                       %求解线性方程组的基础解系
>>syms k1 k2;                         %定义变量
>>X=k1 * Z(:,1)+k2 * Z(:,2)           %求解线性方程组的通解
```

**运行结果**

```
Z = 2     5/3
   .2    .4/3
    1     0
    0     1
X = 2 * k1 + (5 * k2)/3
   . 2 * k1. (4 * k2)/3
        k1
        k2
```

**方法二**

**命令**

```
>>clear
>>A=[1 2 2 1;2 1.2.2;1.1.4.3];
>>format rat                     %指定有理格式输出
>>C=rref(A)                      %将矩阵 A 化成阶梯形矩阵
```

**运行结果**

```
C = 1    0   .2   .5/3
    0    1    2    4/3
    0    0    0    0
```

齐次线性方程组的基础解系为 $\boldsymbol{x}_1=\begin{pmatrix}2\\-2\\1\\0\end{pmatrix},\boldsymbol{x}_2=\begin{pmatrix}\frac{5}{3}\\-\frac{4}{3}\\0\\1\end{pmatrix}$，

故齐次线性方程组的通解为 $\boldsymbol{X}=k_1\boldsymbol{x}_1+k_2\boldsymbol{x}_2$.

**例 6** 利用 MATLAB 求解非齐次线性方程组 $\begin{cases} x_1+2x_2+3x_3-x_4=2, \\ 3x_1+2x_2+\ x_3-x_4=4, \\ x_1-2x_2-5x_3+x_4=0 \end{cases}$ 的通解.

**方法一**

**命令**

```
>>clear
>>A=[1 2 3.1;3 2 1.1;1.2.5 1];
>>B=[2 4 0]';
>>format rat                          %指定有理格式输出
>>X1=A\B                              %求解非齐次线性方程组的唯一解/特解
>>Z=null(A,'r')                       %求解对应的齐次线性方程组的基础解系
>>syms k1 k2;                         %定义变量
>>X=k1 * Z(:,1)+ k2 * Z(:,2)+X1       %求解齐次线性方程组的通解
```

**运行结果**

```
X1 =5/4
      0
      1/4
      0
Z = 1        0
    .2       1/2
    1        0
    0        1
X = k1 + 5/4
    k2/2.2 * k1
    k1 + 1/4
    k2
```

**方法二**

**命令**

```
>>clear
>>A=[1 2 3.1;3 2 1.1;1.2.5 1];
>>B=[2 4 0]';
```

```
>>format rat                        %指定有理格式输出
>>Z=[A B];                          %增广矩阵
>>C=rref(Z)                         %将增广矩阵化成阶梯形矩阵
```

运行结果

```
C =1     0   .1     0      1
   0     1    2   .1/2    1/2
   0     0    0     0      0
```

对应齐次线性方程组的基础解系为 $\boldsymbol{x}_1=\begin{pmatrix}1\\-2\\1\\0\end{pmatrix}$, $\boldsymbol{x}_2=\begin{pmatrix}0\\\frac{1}{2}\\0\\1\end{pmatrix}$,

非齐次线性方程组的特解为 $\boldsymbol{X}_1=\begin{pmatrix}1\\\frac{1}{2}\\0\\0\end{pmatrix}$,

故非齐次线性方程组的通解为 $\boldsymbol{X}=k_1\boldsymbol{x}_1+k_2\boldsymbol{x}_2+\boldsymbol{X}_1$.

## 习题 9.5

1. 已知矩阵 $\boldsymbol{A}=\begin{bmatrix}2&1&0\\1&0&1\\-3&2&-5\end{bmatrix}$, $\boldsymbol{B}=\begin{bmatrix}4&3&2\\3&2&1\\2&1&1\end{bmatrix}$，利用 MATLAB 计算：

（1）$\boldsymbol{A}^{\mathrm{T}}$；（2）$\boldsymbol{A}+\boldsymbol{B}$；（3）$2\boldsymbol{A}-\boldsymbol{B}$；（4）$\boldsymbol{AB}$；（5）$\boldsymbol{B}^5$；（6）$\boldsymbol{A}^{-1}$；（7）$\boldsymbol{B}$ 的秩.

2. 利用 MATLAB 求解齐次线性方程组 $\begin{cases}x_1-x_2-x_3+x_4=0,\\x_1-x_2+x_3-3x_4=0,\\x_1-x_2-2x_3+3x_4=0\end{cases}$ 的通解.

3. 利用 MATLAB 求解非齐次线性方程组 $\begin{cases}x_1-x_2+3x_3=-8,\\2x_1+3x_2+x_3=4,\\3x_1-x_2+2x_3=-1,\\x_1+2x_2-3x_3=13\end{cases}$ 的通解.

4. 利用 MATLAB 求解非齐次线性方程组$\begin{cases} x_1+2x_2+3x_3-x_4=2, \\ 3x_1+2x_2+x_3-x_4=4, \\ x_1-2x_2-5x_3+x_4=0 \end{cases}$的通解.

# 复习题九

一、选择题.

1. 假设$\begin{vmatrix} a_{11} & a_{12} & a_{13} \\ a_{21} & a_{22} & a_{23} \\ a_{31} & a_{32} & a_{33} \end{vmatrix}=2$，则$\begin{vmatrix} 2a_{11} & 2a_{12} & 2a_{13} \\ 2a_{21} & 2a_{22} & 2a_{23} \\ 2a_{31} & 2a_{32} & 2a_{33} \end{vmatrix}=($　　$)$.

A. 2　　B. 4　　C. 8　　D. 16

2. 下列情况中，行列式 $D$ 的值不为 0 的是(　　).

A. $D$ 中有两行(列)元素对应成比例

B. $D$ 中有两行(列)元素完全相等

C. $D$ 中某行(列)的各元素有公因子

D. $D$ 中某行(列)的元素全为 0

3. 关于克拉默法则，下列说法正确的是(　　).

A. 能求解任何类型的线性方程组

B. 能求解任何一个方程个数和未知数个数相等的线性方程组

C. 只能求解系数行列式不为零的线性方程组

D. 只能求解系数行列式不为零的非齐次线性方程组

4. 设有矩阵 $\boldsymbol{A}_{3\times2}, \boldsymbol{B}_{2\times3}, \boldsymbol{C}_{3\times4}$，下列运算有意义的是(　　).

A. $\boldsymbol{AB}$　　B. $\boldsymbol{AB}-\boldsymbol{C}$

C. $\boldsymbol{A}+\boldsymbol{B}$　　D. $\boldsymbol{AC}$

5. 设 $\boldsymbol{A}$ 是 3 行 4 列矩阵，$\boldsymbol{B}$ 是 4 行 5 列矩阵，则 $\boldsymbol{AB}$ 是(　　).

A. 5×3 矩阵　　B. 3×5 矩阵

C. 4 阶矩阵　　D. 3×4 矩阵

6. 下列命题中不正确的是 (　　).

A. 矩阵的加法满足结合律和交换律

B. 矩阵的乘法不满足交换律

C. 若 $\boldsymbol{A}$ 为 $n$ 阶矩阵，则 $|k\boldsymbol{A}|=k^n|\boldsymbol{A}|$

D. 若 $\boldsymbol{AB}=\boldsymbol{O}$，则 $\boldsymbol{A}=\boldsymbol{O}$ 或 $\boldsymbol{B}=\boldsymbol{O}$

7. 若 $\boldsymbol{A}$ 与 $\boldsymbol{B}$ 为同阶矩阵，则下列结论正确的是(　　).

A. $\boldsymbol{AB}=\boldsymbol{BA}$　　B. $(\boldsymbol{AB})^{-\mathrm{T}}=\boldsymbol{A}^{\mathrm{T}}\boldsymbol{B}^{\mathrm{T}}$

C. $(\boldsymbol{AB})^{\mathrm{T}}=\boldsymbol{A}^{\mathrm{T}}\boldsymbol{B}^{\mathrm{T}}$　　D. $(\boldsymbol{A}+\boldsymbol{B})^{\mathrm{T}}=\boldsymbol{A}^{\mathrm{T}}+\boldsymbol{B}^{\mathrm{T}}$

8. 用初等变换法解线性方程组 $\boldsymbol{AX}=\boldsymbol{B}$，对增广矩阵所做的变换只能是(　　).

A. 对行做初等变换　　B. 对列做初等变换

C. 既可对行又可对列做初等变换　　D. 以上做法都不对

9. 若线性方程组 $\boldsymbol{AX}=\boldsymbol{0}$ 只有零解，则方程组 $\boldsymbol{AX}=\boldsymbol{B}(\boldsymbol{B}\neq\boldsymbol{0})$(　　).

A. 有唯一解　　B. 可能无解

C. 有无穷多解　　D. 无解

10. 以下结论正确的是(　　).

A. 方程的个数小于未知量个数的线性方程组一定有解

B. 方程的个数等于未知量个数的线性方程组一定有唯一解

C. 方程的个数大于未知量个数的线性方程组一定无解

D. 以上结论都不对

二、填空题.

1. $\begin{vmatrix} 0 & a & b \\ a & 0 & c \\ b & c & 0 \end{vmatrix}=$__________.

2. 已知三阶行列式 $\begin{vmatrix} 1 & 2 & 3 \\ 4 & 5 & 6 \\ 7 & 8 & 9 \end{vmatrix}$，元素 $a_{12}$ 对应的余子式 $M_{12}=$__________，代数余子式 $A_{12}=$__________.

3. 若矩阵 $\boldsymbol{A}=\begin{bmatrix} 1 & -2 & 4 & 3 \\ 5 & a & 1 & b \end{bmatrix}, \boldsymbol{B}=\begin{bmatrix} 1 & c & 4 & 3 \\ 5 & 0 & d & -1 \end{bmatrix}$，且 $\boldsymbol{A}=\boldsymbol{B}$，则 $a=$__________，$b=$__________，$c=$__________，$d=$__________.

4. 已知 $\boldsymbol{A}=\begin{bmatrix} 2 & 3 \\ -1 & 4 \end{bmatrix}, \boldsymbol{B}=\begin{bmatrix} 1 & 0 \\ 2 & -2 \end{bmatrix}$，则 $2\boldsymbol{A}-\boldsymbol{B}=$__________.

5. 若矩阵 $\boldsymbol{A}=\boldsymbol{O}$，且 $\boldsymbol{AB}$ 可乘，则 $\boldsymbol{AB}=$__________.

6. 若 $\boldsymbol{A}_{m\times n}$ 与 $\boldsymbol{B}_{t\times p}$ 可乘，则 $n$__________$t$(关系).

7. 已知矩阵 $\boldsymbol{A}=\begin{bmatrix} 1 & -1 \\ 0 & 1 \end{bmatrix}$，则 $\boldsymbol{A}^{-1}=$__________.

8. 若 $r(\boldsymbol{A}\mid\boldsymbol{B})=4, r(\boldsymbol{A})=3$，则线性方程组 $\boldsymbol{AX}=\boldsymbol{B}$__________.

9. 设三元非齐次线性方程组 $\boldsymbol{AX}=\boldsymbol{B}$ 的增广矩阵通过初等行变换化为 $\begin{bmatrix}1&0&0&2\\0&1&0&3\\0&0&0&0\end{bmatrix}$，则此线性方程组的通解中自由未知量的个数为_________.

10. 当 $m\neq$__________时，方程组 $\begin{cases}2x+3y=-1,\\4x+my=1\end{cases}$ 有唯一解.

三、判断题.

1. $n$ 阶行列式是由 $n^2$ 个数组成的 $n$ 行 $n$ 列的方形数表. (　　)
2. 若行列式的各行元素之和为零，则该行列式的值为零. (　　)
3. 若 $\boldsymbol{A}$ 为 3 阶矩阵，则 $|3\boldsymbol{A}|=3^3|\boldsymbol{A}|$. (　　)
4. 方阵 $\boldsymbol{A}$ 的行列式与其转置矩阵的行列式的值相等. (　　)
5. 齐次线性方程组 $\boldsymbol{AX}=\boldsymbol{0}$ 可能无解. (　　)

四、计算题.

1. $\begin{vmatrix}1&4&2\\2&6&3\\2&1&5\end{vmatrix}$.

2. $\begin{vmatrix}0&1&1&1\\1&0&1&1\\1&1&0&1\\1&1&1&0\end{vmatrix}$.

3. $\begin{vmatrix}x&y&0&\cdots&0&0\\0&x&y&\cdots&0&0\\0&0&x&\cdots&0&0\\\vdots&\vdots&\vdots&&\vdots&\vdots\\0&0&0&\cdots&x&y\\0&0&0&\cdots&0&x\end{vmatrix}$.

4. 已知 $\boldsymbol{A}=\begin{bmatrix}1&0&5\\2&-1&4\\4&3&0\end{bmatrix}$，$\boldsymbol{B}=\begin{bmatrix}1&2\\0&-3\\2&-1\end{bmatrix}$，$\boldsymbol{C}=\begin{bmatrix}3&1\\1&1\\-1&4\end{bmatrix}$，求 $\boldsymbol{AB}-3\boldsymbol{C}$.

五、求下列矩阵的秩.

1. $\begin{bmatrix}-1&-1&-1\\1&1&0\\1&0&1\end{bmatrix}$.

2. $\begin{bmatrix} 1 & 0 & 3 & -1 \\ 1 & 2 & 3 & 4 \\ 1 & -2 & 4 & 5 \\ 2 & 4 & 1 & 2 \end{bmatrix}$.

六、求下列矩阵的逆矩阵.

1. $\begin{bmatrix} 1 & 1 & 2 \\ 2 & -1 & -3 \\ 2 & 1 & 2 \end{bmatrix}$.

2. $\begin{bmatrix} 1 & 0 & 1 \\ -1 & 1 & 1 \\ 2 & -1 & 1 \end{bmatrix}$.

七、解下列线性方程组.

1. $\begin{cases} x_1+3x_2+x_3+x_4=0, \\ 2x_1-2x_2+x_3+2x_4=0, \\ x_1+11x_2+2x_3+x_4=0. \end{cases}$

2. $\begin{cases} x_1+3x_2+x_3=5, \\ 2x_1+3x_2-3x_3=14, \\ x_1+x_2+5x_3=-7. \end{cases}$

3. $\begin{cases} 2x_1+3x_2+x_3=4, \\ x_1-2x_2+4x_3=-5, \\ 3x_1+8x_2-2x_3=13, \\ 4x_1-x_2+9x_3=-6. \end{cases}$

八、计算题.

$m$ 为何值时，线性方程组 $\begin{cases} x_1+2x_2+mx_3=1, \\ x_1-3x_3=-3, \\ 2x_1+mx_2-x_3=-2 \end{cases}$ ①有唯一解？②有无穷多解？③无解？

*九、综合题.

已知有两个产地 $A_1,A_2$ 生产同一种产品，它们的产量分别为 10t 和 8t. 现在把这种产品有计划地运往 $B_1,B_2,B_3$ 3 个销地，销地 $B_1,B_2,B_3$ 的需求量分别为 5t,6t,7t. 由产地 $A_1$ 运往销地 $B_1,B_2,B_3$ 的单位运价(单位：元/t)为 16,5,25；产地 $A_2$ 运往销地 $B_1,B_2,B_3$ 的单位运价(单位：元/t)分别为 19,24,12. 若产品的总产量与各销地的总需求量相等，问：如何安排运输量，才能使总运费最小？

拓展思考：若产品的总产量大于等于销地的总需求量，该如何安排运输量？

# 参考答案

## 第6章

### 习题6.1

1. (1) $y=e^{Ce^x}$;

(2) $e^y-e^x=C$;

(3) $\sin y\cdot\cos x=C$;

(4) $y=2+Ce^{-x^2}$;

(5) $p=\dfrac{2}{3}+Ce^{-3t}$;

(6) $y=Ce^{x^2}-\dfrac{3}{2}x^2-\dfrac{3}{2}$.

2. (1) 通解为 $y=\dfrac{1}{1-Ce^x}$，特解为 $y=1$;

(2) 通解为 $y=\dfrac{1}{\ln|x^2-1|+C}$，特解为 $y=\dfrac{1}{\ln|x^2-1|+1}$;

(3) 通解为 $y=e^{-x^2}(-x\cos x+\sin x+C)$，特解为 $y=e^{-x^2}(-x\cos x+\sin x+2)$;

(4) 通解为 $y=(x+2)\left(\dfrac{1}{2}x^2+C\right)$，特解为 $y=(x+2)\left(\dfrac{1}{2}x^2+1\right)$.

3. $x^2+y^2=k^2$，表示圆.

4. $v=\dfrac{k_1}{k_2}t-\dfrac{mk_1}{k_2^2}(1-e^{-\frac{k_2}{m}t})$.

### 习题6.2

1. (1) $y=C_1e^{-2x}+C_2e^x$;

(2) $y=C_1+C_2e^{4x}$;

(3) $y=C_1\cos x+C_2\sin x$;

(4) $y=e^{3x}(C_1\cos 2x+C_2\sin 2x)$;

(5) $y=C_1+C_2x$.

2. (1) 通解为 $y=C_1e^x+C_2e^{3x}$，特解为 $y=4e^x+2e^{3x}$;

(2) 通解为 $y=C_1\cos 5x+C_2\sin 5x$，特解为 $y=2\cos 5x+\sin 5x$;

3. $s=C_1e^{-2t}+C_2e^{4t}$.

4. $y=\dfrac{1}{6}x^3+\dfrac{1}{2}x+1$.

5. $\begin{cases} x=v_0t\cos\alpha, \\ y=-\dfrac{1}{2}gt^2+v_0t\sin\alpha. \end{cases}$

**习题 6.3**

1. $H=\dfrac{mg}{k}t+\dfrac{m^2g}{k^2}e^{-\frac{k}{m}t}-\dfrac{m^2g}{k^2}$.

2. (1) $T=20+75e^{-0.0203t}$;

(2) 60.792 1℃.

3. $v=2e^{-0.1386t}$.

4. 通解为 $\theta(t)=C_1\cos\sqrt{\dfrac{g}{l}}x+C_2\sin\sqrt{\dfrac{g}{l}}x$，特解为 $\theta(t)=\theta_0\cos\sqrt{\dfrac{g}{l}}x$.

**习题 6.4**

1. (1)log(x^2+2 * C1)；(2)log(1/2 * exp(2 * x)+C1)；

(3)exp(2 * x) * (C1+C2 * x)；(4)exp(2 * x) * C2+exp(3 * x) * C1+3/4+1/2 * x.

2. (1)-2 * exp(-x^2)+3 * exp(-1/2 * x^2)；(2)(1/2 * log(x)^2+1/2) * x.

**复习题六**

一、略.

二、1. D.  2. C.  3. C.  4. B.  5. D.

三、1. $y=e^{Cx}$.  2. $Cx=e^{\frac{1}{2}(x^2+y^2)}$.  3. $y=e^x(x+C)$.  4. $y=\dfrac{1}{3}x^2+\dfrac{3}{2}x+2+\dfrac{C}{x}$.

四、1. $y=\dfrac{1}{x}$.  2. $y=4-\dfrac{4}{x}$.

五、1. $y=C_1e^{-5x}+C_2e^x$.

2. $y=C_1e^{-2x}+C_2xe^{-2x}$.

3. $y=e^{-x}(C_1\cos\sqrt{3}x+C_2\sin\sqrt{3}x)$.

4. $y=C_1e^{\frac{\sqrt{5}-1}{2}x}+C_2e^{-\frac{\sqrt{5}+1}{2}x}$.

5. $y=C_1\cos\sqrt{3}x+C_2\sin\sqrt{3}x$.

六、1. $y=4e^x+2e^{3x}$.

2. $y=7-5e^{-x}$.

## 第7章

**习题 7.1**

1. $|AB|=2\sqrt{6}$.

2. $|AB|=|AC|=|BC|=\sqrt{14}$.

3. $\{-2,6,-16\}$.

4. (1) $|\vec{a}|=3$; $\cos\alpha=\frac{2}{3},\cos\beta=\frac{2}{3},\cos\gamma=-\frac{1}{3}$; $\alpha=\arccos\frac{2}{3},\beta=\arccos\frac{2}{3},\gamma=\arccos\left(-\frac{1}{3}\right)$.

(2) $|\vec{b}|=\sqrt{3}$; $\cos\alpha=\frac{\sqrt{3}}{3},\cos\beta=\frac{\sqrt{3}}{3},\cos\gamma=\frac{\sqrt{3}}{3}$; $\alpha=\beta=\gamma=\arccos\frac{\sqrt{3}}{3}$.

5. $\overrightarrow{AB}=\{6,-5,1\},\overrightarrow{BC}=\{-3,4,2\},\overrightarrow{CA}=\{-3,1,-3\}$; 证明略.

6. $\{3,2,9\}$.

7. $|\vec{F}|=\sqrt{35}$; $\alpha=\arccos\frac{\sqrt{35}}{7},\beta=\arccos\frac{\sqrt{35}}{35},\gamma=\arccos\frac{3\sqrt{35}}{35}$.

8. $\vec{a}\times\vec{b}=\{-7,6,10\}$.

9. $S_{\triangle ABC}=\frac{5\sqrt{3}}{2}$.

10. $\vec{a}=\{6,-2,2\sqrt{15}\}$或$\{6,-2,-2\sqrt{15}\}$.

**习题 7.2**

1. $3x-7y+5z-4=0$.

2. $3x-z-4=0$.

3. $z-4=0$.

4. $5x+8y+13z-26=0$.

5. $x+3y=0$.

6. $\frac{x-4}{2}=\frac{y+1}{1}=\frac{z-3}{5}$.

7. $\frac{x-3}{-4}=\frac{y+2}{2}=\frac{z-1}{1}$或$\frac{x+1}{4}=\frac{y}{2}=\frac{z-2}{1}$.

8. $\frac{x-5}{1}=\frac{y-1}{4}=\frac{z-3}{-2}$.

9. $\frac{x-2}{1}=\frac{y-0}{3}=\frac{z-1}{5}$.

10. $\frac{x-1}{-2}=\frac{y-1}{1}=\frac{z-1}{3}$, $\begin{cases}x=1-2t,\\y=1+t,\\z=1+3t.\end{cases}$

11. 异面.

12. $\theta=\frac{\pi}{4}$.

**习题 7.3**

1. $(x+1)^2+(y+3)^2+(z-2)^2=9$.

2. $x^2+(y+2)^2+z^2=20$.

3. (1) 球心为$(0,0,3)$, 半径为4;

（2）球心为$\left(1,\frac{1}{2},-\frac{1}{3}\right)$，半径为6.

4. 球面.

5. $y^2+z^2=2x$.

6. $x^2+y^2+z^2=9$.

7. $4x^2-9y^2+4z^2=36$.

8. （1）平面几何中，$z=1$不存在；空间解析几何中，$z=1$表示一个平面.

（2）平面几何中，$y=x$表示一条直线；空间解析几何中，$y=x$表示一个平面.

（3）平面几何中，$x^2+\frac{y^2}{4}=1$表示椭圆；空间解析几何中，$x^2+\frac{y^2}{4}=1$表示平行于$z$轴的椭圆柱面.

9. 表示平行于$xOy$平面，圆心为点$(0,0,3)$，半径为4的圆.

习题7.4略.

**复习题七**

一、1. ×. 2. ×. 3. √. 4. ×. 5. √. 6. ×.

二、1. 2. 2. $2x-4y+4z-1=0$. 3. $22x-15y-z-5=0$. 4. 垂直. 5. 1. 6. 7.

7. $\left(\frac{1}{2},\frac{1}{2},\frac{\sqrt{2}}{2}\right)$. 8. $4x-y+2z-2=0$. 9. $\boldsymbol{e}=\left(\frac{3}{\sqrt{14}},\frac{1}{\sqrt{14}},-\frac{2}{\sqrt{14}}\right)$. 10. 3.

三、1. A. 2. C. 3. D. 4. D. 5. C. 6. A. 7. C. 8. C. 9. D. 10. B.

四、1. $x-3y-2z=0$. 2. $\frac{x-3}{-4}=\frac{y+2}{2}=\frac{z-1}{1}$. 3. $(4\sqrt{2},\pm4,4)$. 4. $x+y-3z-4=0$.

5. $4x-3y+z-6=0$. 6. (1)$k=-2$；(2)$k=-1$或$k=5$. 7. $3x+y-z-6=0$.

8. $2x-3y+z+1=0$.

# 第8章

**习题8.1**

1. （1）$-5$；

（2）$t^2(x^2+2xy-2y^2)$.

2. （1）$D=\{(x,y)\mid -\infty<x<+\infty,-\infty<y<+\infty\}$；

（2）$D=\{(x,y)\mid -\infty<x<+\infty,y\geqslant 0\}$；

（3）$D=\{(x,y)\mid x^2+y^2<1\}$；

（4）$D=\{(x,y)\mid y>x\}$.

3. （1）3； （2）1； （3）$-\frac{1}{4}$.

4. 略.

## 习题 8.2

1. (1) $\frac{\partial z}{\partial x}=4x-1,\frac{\partial z}{\partial y}=9y^2$;

(2) $\frac{\partial z}{\partial x}=2x\sin y,\frac{\partial z}{\partial y}=x^2\cos y$;

(3) $\frac{\partial z}{\partial x}=\frac{2}{2x+y},\frac{\partial z}{\partial y}=\frac{1}{2x+y}$;

(4) $\frac{\partial z}{\partial x}=\frac{y}{\sqrt{1-x^2y^2}},\frac{\partial z}{\partial y}=\frac{x}{\sqrt{1-x^2y^2}}$;

(5) $\frac{\partial z}{\partial x}=\frac{x}{\sqrt{x^2+y^2}},\frac{\partial z}{\partial y}=\frac{y}{\sqrt{x^2+y^2}}$;

(6) $\frac{\partial z}{\partial x}=2\mathrm{e}^{2x+3y},\frac{\partial z}{\partial y}=3\mathrm{e}^{2x+3y}$.

2. $\frac{1}{2}$; $-\frac{1}{12}$.

3. (1) $\frac{\partial^2 z}{\partial x^2}=6x,\frac{\partial^2 z}{\partial x\partial y}=6y,\frac{\partial^2 z}{\partial y^2}=6x$;

(2) $\frac{\partial^2 z}{\partial x^2}=-\frac{2xy}{(x^2+y^2)^2},\frac{\partial^2 z}{\partial x\partial y}=\frac{x^2-y^2}{(x^2+y^2)^2},\frac{\partial^2 z}{\partial y^2}=\frac{2xy}{(x^2+y^2)^2}$.

4. (1) $\mathrm{d}z=2x\mathrm{d}x+2y\mathrm{d}y$;

(2) $\mathrm{d}z=-\frac{y}{x^2+y^2}\mathrm{d}x+\frac{x}{x^2+y^2}\mathrm{d}y$.

5. 4.99.

6. $\frac{\mathrm{d}z}{\mathrm{d}x}=\mathrm{e}^{x^2+\cos x}(2x-\sin x)$.

7. $\frac{\partial z}{\partial x}=(x+y)(2+x+y)\mathrm{e}^{x-y},\frac{\partial z}{\partial y}=(x+y)(2-x-y)\mathrm{e}^{x-y}$.

8. $\frac{\mathrm{d}z}{\mathrm{d}x}=\frac{\mathrm{e}^x-y^2}{2xy-\cos y}$.

9. $\frac{\partial z}{\partial x}=\frac{1-x}{z}$, $\frac{\partial z}{\partial y}=\frac{1-2y}{2z}$.

10. $400\pi\mathrm{cm}^3/\mathrm{s}$.

## 习题 8.3

1. (1) 极小值为 $f(0,1)=0$;

(2) 极小值为 $f(1,0)=-1$;

(3) 极大值为 $f(3,2)=42$;

(4) 极大值为 $f(0,2)=\mathrm{e}^4$.

2. 底面半径和高均为 2cm 时，圆柱体的体积最大.

3. $\left(\frac{5}{3},\frac{4}{3},\frac{11}{3}\right)$.

4. 长方体容器的长、宽、高均为 2m 时，用料最省.

5. 甲产品产量为 3 单位、乙产品产量为 2 单位时总利润最大.

6. 最小总成本为 4349 万元.

**习题 8.4**

1. (1)4;　(2)$\frac{4\pi}{3}$.

2. (1)$\frac{2}{3}$;　(2)$\frac{9}{8}$.

3. (1)12;　(2)$\frac{1}{2}(\ln 3-\ln 2)$.

4. $\int_0^1 \mathrm{d}x\int_{x^2}^{x} f(x,y)\,\mathrm{d}y$.

*5. (1)0;　(2)$\pi(\mathrm{e}^9-\mathrm{e})$.

**习题 8.5**

1. 6;

2. $\frac{112}{3}\pi$;

3. $m=\frac{27}{2}$，形心坐标为$\left(\frac{8}{5},\frac{1}{2}\right)$.

**习题 8.6**

1. (1)2 * x+2; (2)-2 * y+2.

2. 2 * exp(x * y+x^2)+(y+2 * x)^2 * exp(x * y+x^2),
exp(x * y+x^2)+(y+2 * x) * x * exp(x * y+x^2), x^2 * exp(x * y+x^2).

3. 6 台和 12 台.

4. 28/3.

5. -pi+exp(1) * pi.

**复习题八**

一、1. ×　2. ×　3. ×　4. √　5. ×.

二、1. $\frac{1}{2}(x^2+y^2)$.　2. 0.　3. $-\frac{y}{x^2}f'\mathrm{d}x+\frac{1}{x}f'\mathrm{d}y$.　4. $(-1,0)$.　5. $r\mathrm{d}r\mathrm{d}\theta$.

三、1. A.　2. B.　3. C.　4. C.　5. D.

四、1. $\frac{\partial^2 z}{\partial x^2}=6xy-6y^3,\frac{\partial^2 z}{\partial y^2}=-18x^2y,\frac{\partial^2 z}{\partial x\partial y}=3x^2-18xy^2,\frac{\partial^2 z}{\partial y\partial x}=3x^2-18xy^2$.　2. 极小值为-1.

3. $\frac{27}{2}$.　4. $\frac{1}{3}$.　5. 边长为 6cm、6cm、9cm.

# 第 9 章

## 习题 9.1

1. (1) $-1$； (2) $14$； (3) $9$； (4) $-9$； (5) $5$； (6) $-24$.

2. (1) $\begin{cases} x_1=1, \\ x_2=3, \\ x_3=2; \end{cases}$ (2) $\begin{cases} x_1=1, \\ x_2=-2, \\ x_3=0, \\ x_4=\dfrac{1}{2}. \end{cases}$

3. $\lambda=0,\lambda=6$.

4. $S_{\triangle ABC}=4$.

5. $V=\dfrac{4}{3}$.

## 习题 9.2

1. $\begin{bmatrix} -4 & 3 \\ 1 & 17 \end{bmatrix}$, $\begin{bmatrix} 1 & -18 \\ 13 & -1 \end{bmatrix}$.

2. (1) $\begin{bmatrix} 1 & 2 \\ 2 & 4 \\ 3 & 6 \end{bmatrix}$；

(2) $\begin{bmatrix} -2 & 1 \\ -3 & -1 \\ -1 & 0 \end{bmatrix}$；

(3) 9；

(4) $\begin{bmatrix} 1 & 3 & 1 \\ 0 & 4 & 5 \\ 0 & 0 & 9 \end{bmatrix}$.

3. $(\boldsymbol{AB})^{\mathrm{T}}=\begin{bmatrix} -1 & 1 & 2 \\ 5 & 7 & -1 \\ 6 & 6 & -3 \end{bmatrix}$.

4. $\boldsymbol{AB}=\begin{bmatrix} 1 & -3 & 1 \\ 0 & 6 & 9 \\ 1 & -3 & -2 \end{bmatrix}$, $|\boldsymbol{AB}|=-18$, $|\boldsymbol{A}|=-3$, $|\boldsymbol{B}|=6$，故 $|\boldsymbol{AB}|=|\boldsymbol{A}||\boldsymbol{B}|$.

5. (1) $\boldsymbol{A}=\begin{bmatrix} 148 & 132 \\ 156 & 138 \\ 120 & 114 \end{bmatrix}$；

（2）$\boldsymbol{M}=\begin{bmatrix}142 & 134\\146 & 140\\115 & 112\end{bmatrix}$；

（3）$\boldsymbol{A}+\boldsymbol{M}=\begin{bmatrix}290 & 266\\302 & 278\\235 & 226\end{bmatrix}$.

**习题 9.3**

1. （1）$\begin{bmatrix}1 & 4 & -1\\0 & -7 & 13\end{bmatrix}$；　（2）$\begin{bmatrix}1 & -2 & 3\\0 & -1 & 1\\0 & 0 & 3\end{bmatrix}$.

2. （1）$\begin{bmatrix}1 & 0 & 0\\0 & 1 & 0\\0 & 0 & 1\end{bmatrix}$；　（2）$\begin{bmatrix}1 & 0 & 0 & 1\\0 & 1 & 0 & 2\\0 & 0 & 1 & 0\end{bmatrix}$.

3. （1）$r=2$；（2）$r=3$.

4. （1）$\begin{bmatrix}3 & -1\\-2 & 1\end{bmatrix}$；　（2）$\begin{bmatrix}1 & -\frac{5}{2} & -\frac{1}{2}\\-1 & 5 & 1\\-1 & \frac{7}{2} & \frac{1}{2}\end{bmatrix}$；　（3）$\begin{bmatrix}0 & 1 & -1\\2 & -2 & -1\\-1 & 1 & 1\end{bmatrix}$.

5. （1）$x=3,y=-1$；　（2）$x=5,y=0,z=3$.

6. （1）$\begin{bmatrix}2 & -23\\0 & 8\end{bmatrix}$；　（2）$\begin{bmatrix}-3 & -2\\-1 & 7\\8 & 1\end{bmatrix}$.

7. 产品 $A$ 120 件，产品 $B$ 130 件，产品 $C$ 80 件.

**习题 9.4**

1. （1）$\begin{bmatrix}1 & 2 & 3\\3 & 5 & 7\\5 & 8 & 11\end{bmatrix}\begin{bmatrix}x_1\\x_2\\x_3\end{bmatrix}=\begin{bmatrix}4\\9\\14\end{bmatrix},\tilde{\boldsymbol{A}}=\begin{bmatrix}1 & 2 & 3 & 4\\3 & 5 & 7 & 9\\5 & 8 & 11 & 14\end{bmatrix}$；

（2）$\begin{bmatrix}1 & -1 & 1 & -1\\2 & -1 & 3 & -2\\3 & -2 & -1 & 2\end{bmatrix}\begin{bmatrix}x_1\\x_2\\x_3\end{bmatrix}=\begin{bmatrix}0\\-1\\4\end{bmatrix},\tilde{\boldsymbol{A}}=\begin{bmatrix}1 & -1 & 1 & -1 & 0\\2 & -1 & 3 & -2 & -1\\3 & -2 & -1 & 2 & 4\end{bmatrix}$.

2. （1）无解；　（2）$\begin{bmatrix}x_1\\x_2\\x_3\end{bmatrix}=\begin{bmatrix}2\\2\\3\end{bmatrix}$；　（3）$\begin{bmatrix}x_1\\x_2\\x_3\end{bmatrix}=\begin{bmatrix}2\\1\\-3\end{bmatrix}$；

(4) $\begin{bmatrix}x_1\\x_2\\x_3\\x_4\end{bmatrix}=k_1\begin{bmatrix}-4\\0\\-1\\1\end{bmatrix}+\begin{bmatrix}0\\0\\-1\\0\end{bmatrix}$； (5) 只有零解； (6) $\begin{bmatrix}x_1\\x_2\\x_3\\x_4\end{bmatrix}=k_1\begin{bmatrix}-\frac{4}{3}\\0\\\frac{7}{3}\\1\end{bmatrix}$.

3. $\lambda=5$ 时方程组有解；$\begin{bmatrix}x_1\\x_2\\x_3\\x_4\end{bmatrix}=\begin{bmatrix}\frac{4}{5}\\\frac{5}{3}\\0\\0\end{bmatrix}+k_1\begin{bmatrix}-\frac{1}{5}\\\frac{3}{5}\\1\\0\end{bmatrix}+k_1\begin{bmatrix}-\frac{6}{5}\\-\frac{7}{5}\\0\\1\end{bmatrix}$.

4. 有无穷多解：$\begin{bmatrix}x_1\\x_2\\x_3\\x_4\end{bmatrix}=\begin{bmatrix}210\\170\\330\\0\end{bmatrix}+k_1\begin{bmatrix}1\\1\\1\\1\end{bmatrix}$. 这表明如果有一些汽车围绕十字路口 $C\to B\to A\to D$ 绕行，流量 $x_1,x_2,x_3,x_4$ 都会增加，但并不影响进出十字路口的流量，它们仍然满足线性方程组 $\begin{cases}x_1-x_2=40,\\x_2-x_3=-160,\\x_1-x_4=210,\\x_3-x_4=330.\end{cases}$

**习题 9.5**

1. (1) $\begin{bmatrix}2&1&-3\\1&0&2\\0&1&-5\end{bmatrix}$； (2) $\begin{bmatrix}6&4&2\\4&2&2\\-1&3&-4\end{bmatrix}$； (3) $\begin{bmatrix}0&-1&-2\\-1&-2&1\\-8&3&-11\end{bmatrix}$； (4) $\begin{bmatrix}11&8&5\\6&4&3\\-16&-10&-9\end{bmatrix}$；

(5) $\begin{bmatrix}9841&6819&4432\\6819&4725&3071\\4432&3071&1996\end{bmatrix}$； (6) $\begin{bmatrix}1&-2.5&-0.5\\-1&5&1\\-1&3.5&0.5\end{bmatrix}$； (7) 3

2. $X=\begin{bmatrix}k_1+k_2\\k_1\\2k_2\\k_2\end{bmatrix}$.

3. $x_1=2,x_2=1,x_3=-3$.

4. 则对应齐次线性方程组的基础解系为 $x_1=\begin{pmatrix}1\\-2\\1\\0\end{pmatrix}$，$x_2=\begin{pmatrix}0\\\frac{1}{2}\\0\\1\end{pmatrix}$.

非齐次线性方程组的特解为 $X_1=\begin{pmatrix}1\\\frac{1}{2}\\0\\0\end{pmatrix}$.

故方程组的通解为：X=k1 * x1+ k2 * x2+X1.

**复习题九**

一、1. D.　2. C.　3. C.　4. A.　5. B.　6. D.　7. D.　8. A.　9. B.　10. D.

二、1. 0.　2. −6，6.　3. 0，−1，−2，1.　4. $\begin{bmatrix}3&6\\-4&10\end{bmatrix}$.　5. 0.　6. =.

7. $\begin{pmatrix}1&1\\0&1\end{pmatrix}$.　8. 无解.　9. 1.　10. 6.

三、1. ×；　2. √；　3. √；　4. √；　5. ×.

四、1. −9.　2. −3.　3. $x^n$.　4. $\begin{bmatrix}8&-4\\9&2\\5&-5\end{bmatrix}$.

五、1. 3.　2. 4.

六、1. $\begin{bmatrix}-1&0&1\\10&2&-7\\-4&-1&3\end{bmatrix}$.　2. $\begin{bmatrix}2&-1&-1\\3&-1&-2\\-1&1&1\end{bmatrix}$.

七、1. $\begin{bmatrix}x_1\\x_2\\x_3\\x_4\end{bmatrix}=k_1\begin{bmatrix}-\frac{5}{8}\\-\frac{1}{8}\\1\\0\end{bmatrix}+k_2\begin{bmatrix}-1\\0\\0\\1\end{bmatrix}$.　2. $\begin{bmatrix}x_1\\x_2\\x_3\end{bmatrix}=\begin{bmatrix}1\\2\\-2\end{bmatrix}$.　3. $\begin{bmatrix}x_1\\x_2\\x_3\end{bmatrix}=\begin{bmatrix}-1\\2\\0\end{bmatrix}+k_1\begin{bmatrix}-2\\1\\1\end{bmatrix}$

八、①$m\neq-5, m\neq2$；②$m=2$；③$m=-5$.

*九、设 $A_1, A_2$ 两产地的产量分别为 $T_{A1}, T_{A2}$，$B_1, B_2, B_3$ 3 个销地的需求量分别为 $T_{B1}$，$T_{B2}, T_{B3}$.

当运输量分别为 $T_{A1}-T_{B1}=4, T_{A1}-T_{B2}=6, T_{A1}-T_{B3}=0, T_{A2}-T_{B1}=1, T_{A2}-T_{B2}=0, T_{A2}-T_{B3}=7$ 时，总运费最小，最小总运费为 257 元.